气候变化背景下秦岭山地
植被响应与适应

白红英　刘　康　王　俊　李书恒　著

国家林业公益性行业科研专项项目（201304309）资助

科学出版社

北　京

内 容 简 介

本书以位于陕西南部的秦岭腹地为研究对象,基于气象观测资料、野外调查、遥感影像、树木年轮分析和植物物候观测资料等多源数据,研究不同时空尺度下秦岭山地气候变化规律;探讨森林植被生态系统、典型自然保护区、天然林林线及林线关键树种对气候变化响应与适应的早期信号及其对气候变化的响应机制;模拟预估未来不同气候变化情景下秦岭山地气候与林线关键树种变化趋势;并应用空间分析阐述秦岭山地自然地理要素分布概况、评估植被净初级生产力和水源涵养等生态服务能力。研究成果可为秦岭山地应对气候变化、生物多样性保护及生态文明建设提供科学依据。

本书可供在自然地理学、环境科学、生态学、植物学、自然资源学及相关领域从事科研、教学工作的学者及研究生参考使用。

审图号:陕 S(2019)015 号

图书在版编目(CIP)数据

气候变化背景下秦岭山地植被响应与适应/白红英等著. —北京:科学出版社,2019.11

ISBN 978-7-03-063212-8

Ⅰ.①气… Ⅱ.①白… Ⅲ.①秦岭-森林生态系统-生物生产力-气候变化-研究 Ⅳ.①S718.55

中国版本图书馆 CIP 数据核字(2019)第 245666 号

责任编辑:祝 洁 徐世钊 / 责任校对:郭瑞芝
责任印制:师艳茹 / 封面设计:陈 敬

科学出版社 出版

北京东黄城根北街 16 号
邮政编码:100717
http://www.sciencep.com

河北鹏润印刷有限公司 印刷

科学出版社发行 各地新华书店经销

*

2019 年 11 月第 一 版 开本:720×1000 B5
2019 年 11 月第一次印刷 印张:15
字数:302 000

定价:180.00 元

(如有印装质量问题,我社负责调换)

前　言

联合国政府间气候变化专门委员会（Intergovernmental Panel on Climate Change，IPCC）第五次评估报告指出，1880～2012 年全球地表平均温度升高了 0.85℃，其中北半球升温幅度高于南半球，冬半年高于夏半年。在北半球，1983～2012 年可能是过去 1400 年中最暖的 30 年。世界气象组织（World Meteorological Organization，WMO）表示，2018 年 7 月侵袭全球多地的极端天气可能与全球气候变暖有关。科学界用大量事实证明，全球变暖在不断加剧。

秦岭地处我国暖温带和亚热带的生态过渡带，是重要的气候和南北地理分界线，正如著名作家贾平凹在小说《山本》题记所说，"一条龙脉，横亘在那里，提携了黄河长江，统领着北方南方……"。秦岭是全球生物多样性关键地区之一，是世界第 83 份"献给地球的礼物"，恩泽周边地区乃至华夏大地。但同时这座横亘东西的巨大山脉又是气候变化区域响应的敏感区，气候变化对秦岭森林植被生态系统有何影响？不同植被生态系统响应的过程和模式是什么？应用现代技术手段如何获取宏观尺度上气候变化及植被响应的早期信号？如何定量描述秦岭植被生态系统对气候变化敏感性的指标、寻求预警与管理方案？关于这些问题的研究和探索，对陆地生态系统（尤其是生态过渡带、山地生态系统）生物多样性保护、区域乃至全国应对气候变化均具有重要的科学意义。

本书以国家林业公益性行业科研专项项目"秦岭天然林对气候变化的时空响应及管理对策"（201304309）为依托，以位于陕西南部的秦岭腹地森林植被生态系统为对象，基于秦岭山地气象观测数据、遥感数据、实地调查资料、数字高程模型（digital elevation model，DEM）及树木年轮分析等，研究秦岭山地多时空尺度植被生态系统变化的特征及其对气候变化的响应过程，捕获表征森林植被响应和适应气候变化的早期信号，揭示秦岭山地植被生态系统、林线植被结构及关键树种对气候变化的响应机制，模拟预估未来秦岭山地气候与林线关键树种变化的趋势，旨在为秦岭生态环境保护、农林作物适生区调整及生态文明建设等提供理论依据。

本书包括四部分内容：秦岭山地自然地理要素空间分布概况与生态服务功能评估、多时空尺度秦岭山地植被生态系统变化及其对气候变化的响应与适应、树木年轮学与气候变化、未来情景下秦岭山地气候和植被变化。本书主要内容来自白红英教授主持的课题近四年来各阶段的研究成果，也是课题组成员克服艰难险阻、共同协作和辛勤探索的结果。第 1 章主要阐述秦岭山地自然地理概况、评估其生态服务功能，是刘康、白红英、王俊、陈姗姗、赵婷、李婷、孟清、张扬、范亚宁、袁博、郭少壮等的研究成果；第 2 章分析 1959～2015 年秦岭山地气温直减率、气温、极端气温及降水的时空变化规律，是白红英、赵婷、翟丹平、张扬、孟清、马新萍等的研究成果；第 3 章基于树木年轮学探讨过去 200 年秦岭山地气候变化与旱涝灾害，是李书恒、白红英、苏凯、侯丽、秦进、段媛等的研究成果；第 4 章从多尺度研究秦岭山地归一化植被指数（normalized difference vegetation index，NDVI）变化特征及其对气候变化的响应机制，是白红英、马新萍、黄晓月、赵婷、刘荣娟、冯林林、魏朝阳、李佩晓、弥园园等的研究成果；第 5 章阐明 1964～2015 年秦岭山地植物物候变化及其对气候变化响应的敏感性、适应性与响应机制，是邓晨晖、白红英、黄晓月、贺映娜、赵婷、齐贵增等的研究成果；第 6 章基于树木年轮重点讨论林线关键树种太白红杉和巴山冷杉对气候变化的响应及时空差异性，是秦进、白红英、李书恒、陈兰、高娜、段媛、翟丹平、许明子、冯海鹏、齐贵增等的研究成果；第 7 章基于统计降尺度（automated statistical downscaling，ASD）和 Biome-BGC 模型对秦岭山地气候变化和太白红杉林与巴山冷杉林生长动态进行预估，是王俊、刘康、白红英、邓丽娇、刘甲毅、赵婷等的研究成果。

　　本书由国家林业公益性行业科研专项项目"秦岭天然林对气候变化的时空响应及管理对策"（201304309）资助出版，西北大学的李同昇教授、岳明教授、王宁练教授、陈海教授、宋进喜教授、杨新军教授、杨勤科教授、刘波博士、张普博士、刘咏梅博士、王森博士、赵发珠博士和陕西省地表系统与环境承载力重点实验室对本书的研究工作给予了大力支持；陕西省西安植物园的李淑娟研究员、黎斌研究员和宝鸡文理学院的周旗教授、包光博士在数据资料收集与样本测试等工作中给予了极大的支持与帮助，在此致以诚挚的谢意；野外调查、数据查阅、数据处理等工作中得到了相关领域专家的热情帮助，咸阳师范学院邓晨晖博士在统稿及修订等方面做了大量工作，西北大学齐贵增也付出了艰辛的劳动，在此一并表示由衷的感谢。

　　由于作者水平有限，书中难免有不足之处，敬请各位同仁及广大读者批评指正。

白红英

2019 年 3 月

目 录

彩图

第1章 秦岭山地自然地理概况与生态服务功能

1.1 秦岭山地地理环境概况

1.1.1 秦岭山地概况及地理位置

秦岭是我国中部最重要的生态屏障及全球生物多样性最丰富的地区之一，是黄河水系与长江水系的重要分水岭，是我国南北地质、气候、生物、土壤、水系等地理要素的天然分界线，是一个以石质中山为主，兼有石质高山、土石低山丘陵的山地地貌区。

广义的秦岭是指横亘于我国中部的东西走向的巨大山脉，西起甘肃省临潭县北部的白石山，向东经天水南部的麦积山进入陕西省，在陕西省与河南省交界处分为三支，北支为崤山、中支为熊耳山、南支为伏牛山，东西绵延约 1600km，南北宽 100～300km。

而狭义的秦岭指位于陕西省南部的秦岭腹地，东西以陕西省省界为界，北临渭河，南面汉江，地处东经 105°30′～111°05′，北纬 32°40′～34°35′（图 1-1）。东西长 400～500km，南北宽 120～180km，投影面积为 $6.16×10^4km^2$，展开地表面积达 $7.52×10^4km^2$。海拔为 195～3771.2m，其中高于 1500m 的山地面积为 $1.46×10^4km^2$；

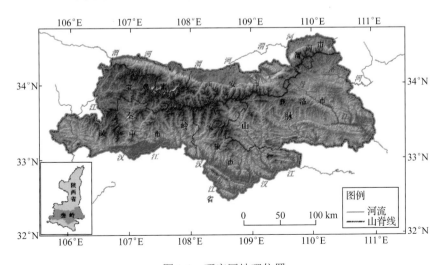

图 1-1　研究区地理位置

高于 2000m 的面积为 3675.5km^2；高于 3000m 的面积为 130.23km^2。秦岭的主峰为太白山，其绝顶拔仙台海拔为 3771.2m。狭义的秦岭是整个秦岭山系的骨干部分和关键地带，本书所指秦岭即狭义的秦岭。

秦岭山地水量充沛，年均降水量约 825mm，多年平均水资源总量为 192.5×10^{8}m^3，是陕西省及南水北调工程中线主要水源涵养区；森林密布，林业用地面积占总面积的 80.4%，森林覆盖率达 66.8%；植被垂直带谱完整，生物多样性丰富，有 132 种动物和 56 种植物被列入国家和省级重点保护对象，是许多古老和孑遗生物的避难所。拥有国家和省级自然保护区 30 个、森林公园 39 个、风景名胜区 15 个，被称为"世界生物基因库"和"天然药库"。

1.1.2　秦岭山地光热资源空间分布

本小节以 1959～2015 年秦岭地区 32 个国家标准气象站点和 2013～2015 年太白山 11 个气象站点观测资料（图 2-1）、25m×25m 秦岭 DEM 为基础数据，通过普通/协同克里金插值、验证等方法，获得了秦岭山地气温、极端气温、日照时数及降水量在不同时间尺度下的多年均值空间分布。

1. 秦岭山地气温空间分布特征

1）1959～2015 年秦岭山地年均温空间分布

1959～2015 年秦岭山地年平均气温、年最高气温和年最低气温的多年均值空间分布见图 1-2。秦岭山地年平均气温、年最高气温和年最低气温空间分布范围分别为-3.2～15.91℃、2.65～21.57℃和-7.56～11.86℃。1959～2015 年秦岭及其南北坡年气温均值如表 1-1 所示。空间统计分析结果表明，秦岭南北坡平均气温表现出"南坡高于北坡"的特点；秦岭南北坡不同海拔区多年年气温均值如表 1-2 所示，其中秦岭北坡年均气温在低海拔区高于南坡，差值为 0.16℃，在中、高海拔区低于南坡，差值分别为 0.97℃和 0.89℃。

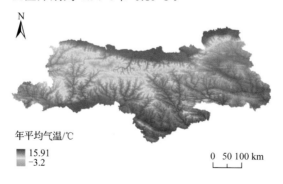

（a）年平均气温

（b）年最高气温

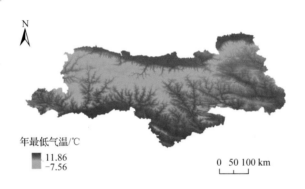

（c）年最低气温

图 1-2　1959～2015 年秦岭山地年平均气温、年最高气温、年最低气温空间分布

表 1-1　1959～2015 年秦岭及其南北坡年气温均值　　（单位：℃）

研究区域	年平均气温	年最高均温	年最低均温
整个秦岭	10.48	16.44	6.18
秦岭北坡	9.97	15.91	5.60
秦岭南坡	10.62	16.58	6.33

表 1-2　1959～2015 年秦岭南北坡不同海拔区多年年气温均值

海拔/m	年平均气温/℃			年最高均温/℃			年最低均温/℃		
	北坡	南坡	南北差值	北坡	南坡	南北差值	北坡	南坡	南北差值
<1500	11.77	11.61	-0.16	17.71	17.56	-0.15	7.39	7.33	-0.06
1500～2600	6.40	7.37	0.97	12.34	13.40	1.06	2.04	3.06	1.02
>2600	1.04	1.93	0.89	6.92	7.88	0.96	-3.32	-2.39	0.93

2）1959～2015 年秦岭山地四季平均气温空间分布

图 1-3 为 1959～2015 年秦岭山地四季平均气温空间分布状况，表 1-3 为 1959～2015 年秦岭山地四季气温均值。秦岭春季、夏季、秋季、冬季的平均气温范围分别为 -4.54～16.51℃、3.73～26.63℃、-2.28～16.34℃ 和 -11.99～5.54℃，即秦岭山地四季平均气温存在明显差异。例如，无论是季平均气温还是季最高均温和季最低均温，冬季和夏季相差均在 20℃ 左右。

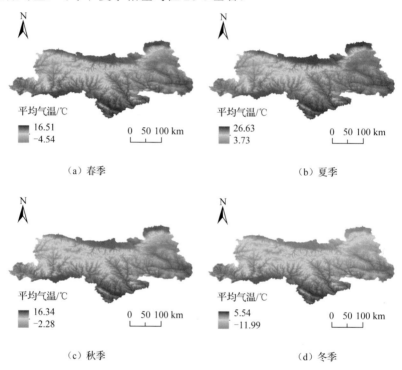

图 1-3　1959～2015 年秦岭山地四季平均气温空间分布

表 1-3　1959～2015 年秦岭山地四季气温均值　（单位：℃）

季节	季平均气温	季最高均温	季最低均温
春季	10.83	13.13	9.07
夏季	20.87	22.56	18.86
秋季	10.80	12.86	8.76
冬季	-0.22	2.58	-2.19

3）1959～2015 年秦岭山地月平均气温空间分布

图 1-4 为 1959～2015 年秦岭山地月平均气温空间分布图。秦岭山地最冷月为 1 月，平均气温为 -1.38℃，最高平均气温为 4.31℃，最低平均气温为 -13.00℃；最热月为 7 月，平均气温为 21.67℃，最高平均气温为 27.51℃，最低平均气温为 4.40℃。

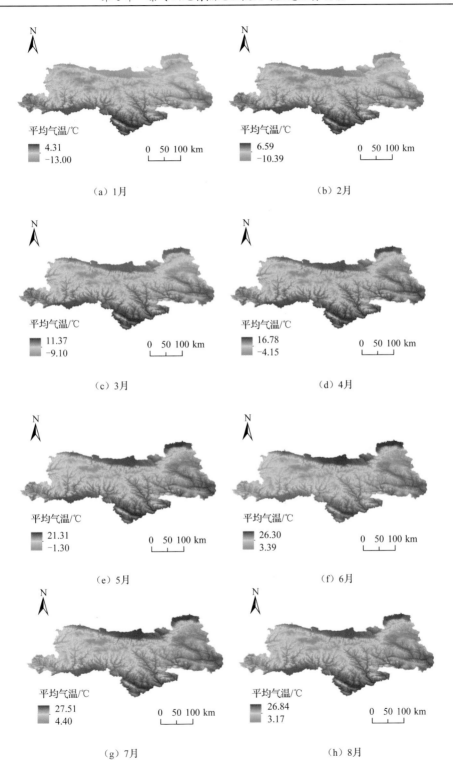

（a）1月

（b）2月

（c）3月

（d）4月

（e）5月

（f）6月

（g）7月

（h）8月

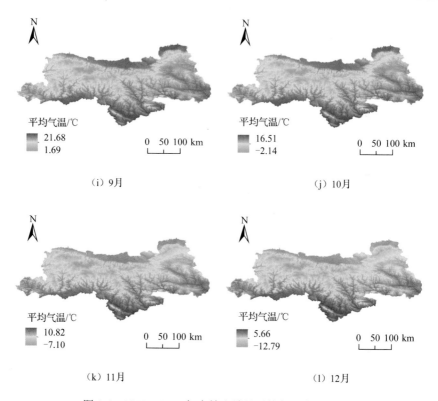

（i）9月　　　　　　　　　　　　（j）10月

（k）11月　　　　　　　　　　　　（l）12月

图 1-4　1959～2015 年秦岭山地月平均气温空间分布

2. 秦岭山地日照时数空间分布特征

1）1959～2015 年秦岭山地年平均日照时数空间分布

1959～2015 年秦岭山地年平均日照时数空间分布状况如图 1-5 所示。秦岭山地各地年日照时数为 1436.34～2155.93h，整个区域年平均日照时数为 1782h。从空间分布上看，年日照时数从东北向西南逐渐减少。

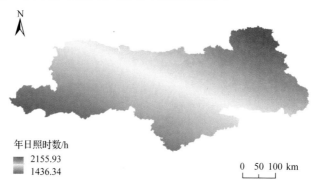

图 1-5　1959～2015 年秦岭山地年平均日照时数空间分布

2）1959～2015 年秦岭山地季平均日照时数空间分布

图 1-6 为 1959～2015 年秦岭山地季平均日照时数空间分布状况，表 1-4 为 1959～2015 年秦岭山地四季日照时数情况。秦岭山地各季平均日照时数空间分布与年日照时数空间分布趋势一致，从东北向西南逐渐减少。夏秋季日照时数大于春冬季日照时数。

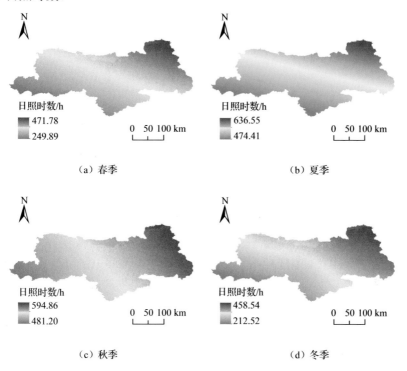

（a）春季

（b）夏季

（c）秋季

（d）冬季

图 1-6 1959～2015 年秦岭山地季平均日照时数空间分布

表 1-4 1959～2015 年秦岭山地四季日照时数均值 （单位：h）

季节	季平均日照时数	季均最大日照时数	季均最小日照时数
春季	355.48	471.78	249.89
夏季	547.60	636.55	474.41
秋季	542.38	594.86	481.20
冬季	339.31	458.54	212.52

3）1959～2015 年秦岭山地月平均日照时数空间分布

图 1-7 为 1959～2015 年秦岭山地月平均日照时数空间分布状况，表 1-5 为 1959～2015 年秦岭山地各月日照时数情况。秦岭山地各地月平均日照时数除 7 月、8 月外，其空间分布趋势与年、季空间分布趋势相似，从东北向西南逐渐减少。7 月、8 月平均日照时数的空间分布为秦岭中部日照时数多，而东部和西部较少。

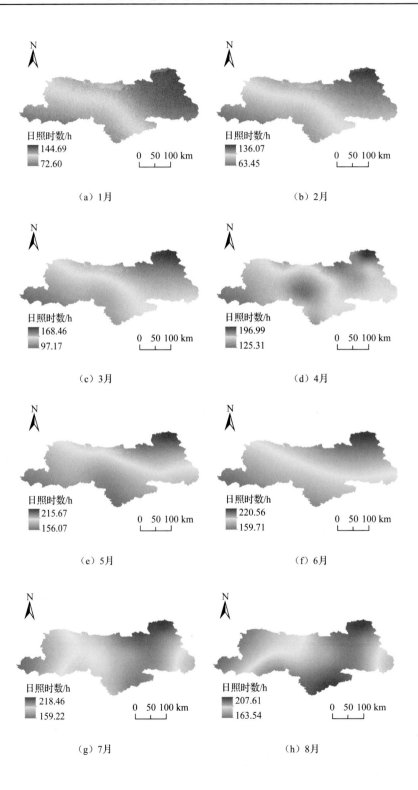

（a）1月

（b）2月

（c）3月

（d）4月

（e）5月

（f）6月

（g）7月

（h）8月

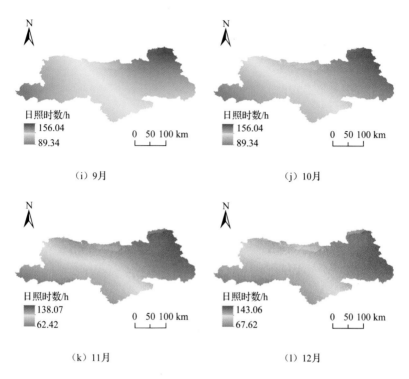

（i）9月   （j）10月

（k）11月   （l）12月

图 1-7　1959～2015 年秦岭山地月平均日照时数空间分布

表 1-5　1959～2015 年秦岭山地月日照时数均值　　　（单位：h）

月份	月平均日照时数	月均最大日照时数	月均最小日照时数
1 月	113.29	144.69	72.60
2 月	101.38	136.07	63.45
3 月	131.24	168.46	97.17
4 月	154.86	196.99	125.31
5 月	180.02	215.67	156.07
6 月	188.93	220.56	159.71
7 月	193.91	218.46	159.22
8 月	189.82	207.61	163.54
9 月	124.83	156.04	89.34
10 月	117.19	152.38	73.32
11 月	106.16	138.07	62.42
12 月	109.87	143.06	67.62

1.1.3　秦岭山地水文水资源状况

1. 秦岭山地降水量空间分布

1）1959～2015 年秦岭山地年均降水量分布

1959～2015 年秦岭山地年均降水量空间分布如图 1-8 所示。秦岭山地年均降水量为 545.44～1155.46mm，平均为 824.76mm。南坡年均降水量变化范围在 601.97～1155.46mm，平均为 847.37mm；北坡年均降水量变化范围在 545.44～1061.84mm，平均为 737.25mm。

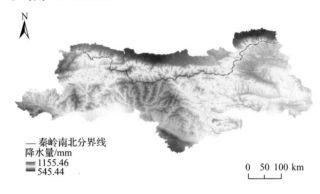

图 1-8　1959～2015 年秦岭山地年均降水量空间分布

2）1959～2015 年秦岭山地季均降水量分布

1959～2015 年秦岭山地季均降水量及其空间分布如图 1-9 所示。表 1-6 为 1959～2015 年秦岭山地四季降水量均值。1959～2015 年秦岭山地春季、夏季、秋季、冬季季均降水量分别为 121.31～241.85mm、225.77～640.40mm、173.43～348.12mm 和 11.92～54.44mm；秦岭山地四季平均降水量为：夏季（403.76mm）>秋季（237.26mm）>春季（169.11mm）>冬季（25.62mm），且南坡降水量大于北坡。

（a）春季　　　　　　　　　　　　　（b）夏季

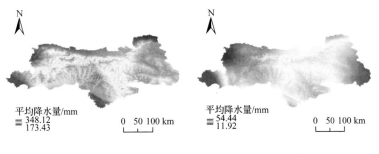

（c）秋季　　　　　　　　　　　（d）冬季

图 1-9　1959～2015 年秦岭山地季均降水量空间分布

表 1-6　1959～2015 年秦岭山地四季降水量均值　（单位：mm）

季节	季均降水量	季均最大降水量	季均最小降水量
春季	169.11	241.85	121.31
夏季	403.76	640.40	225.77
秋季	237.26	348.12	173.43
冬季	25.62	54.44	11.92

3）1959～2015 年秦岭山地月均降水量空间分布

1959～2015 年秦岭山地月均降水量空间分布如图 1-10 所示。秦岭山地以 7 月、8 月的降水最多，其中 7 月的降水量为 88.14～250.36mm，8 月的降水量为 83.36～222.45mm，尤以南坡中部地区降水最为充沛。

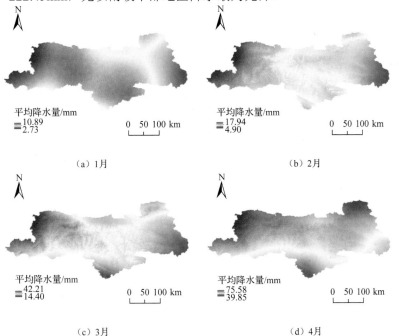

（a）1月　　　　　　　　　　　（b）2月

（c）3月　　　　　　　　　　　（d）4月

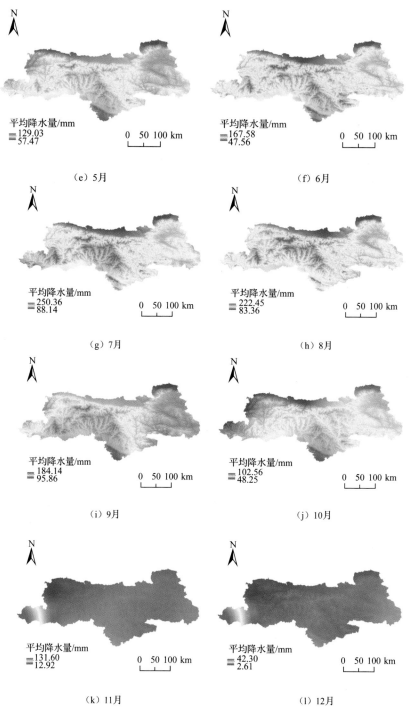

图 1-10　1959～2015 年秦岭山地月均降水量空间分布

2. 秦岭山地的水文水资源状况

1）河流水系

秦岭山地的水系众多，流域面积在 100km² 以上的河流约 195 条，其中南坡 132 条，北坡 63 条。以秦岭总分水岭为界，大部分河流呈南北向分流，分属长江流域的汉江、嘉陵江和黄河流域的渭河、南洛河 4 个水系（图 1-11）。因秦岭山体北仰南俯，南北坡极不对称，发育其上的水系也呈明显的不对称性，汉江水系集水面积占陕西秦岭总面积的 68.34%，渭河水系占 15.95%，嘉陵江占 10.47%，南洛河占 5.24%。北坡，陕西秦岭地区的河流均汇入黄河一级支流渭河；南坡，除嘉陵江直接汇入长江、南洛河向东南流至洛阳注入黄河外，其他河流均汇入长江一级支流汉江。

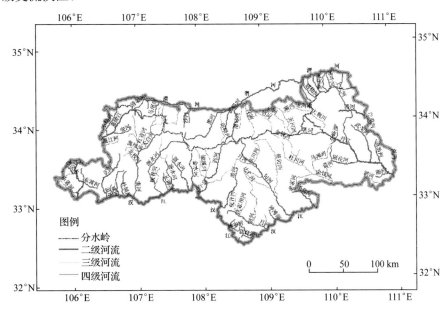

图 1-11　秦岭山地水系分布

2）地表水资源

秦岭山地多年平均地表水资源量为 192.5×10⁸m³，其中黄河流域为 42.0×10⁸m³，长江流域为 150.5×10⁸m³。各二级流域及主要河流的径流量、径流深度、集水面积及可利用水资源量见表 1-7。

秦岭山地径流主要补给源为大气降水、冰雪消融等，其中 30% 以上的降水直接转化为径流，多年平均径流深度与降水量分布大体一致。同时，受山体的影响，径流量也具有垂直分异的特点。总体来说，海拔 1500m 以下区域，秦岭南坡的径流量和径流深度大于北坡；而在海拔 1500～2600m 区域，北坡产流迅速，降水损失较少，因此在该海拔区段径流量虽然低于南坡，但径流深度大于南坡；海拔

2600m 以上区域，基本属于北坡，南坡所占面积很小，径流量北坡要高于南坡，但径流深度略低于南坡。

表 1-7　秦岭山地主要河流地表水资源状况（陈芳莉，2012）

河流名称	控制站	集水面积 /km²	年径流量 /10⁸m³	年径流深度 /mm	可利用水资源量 /10⁸m³
清姜河	益门镇	219	1.38	631.00	0.60
石头河	斜峪关	686	3.90	568.50	1.50
黑河	黑峪口	1481	5.92	399.70	3.50
涝河	涝峪口	374	1.18	340.10	0.30
沣河	秦渡镇	566	2.48	438.20	0.73
灞河	罗李村	754	2.68	355.40	0.71
浐河	常家湾	546	1.70	311.40	0.45
伊洛河	灵口	2475	5.86	236.80	1.20
丹江	紫荆关	7058	15.00	212.50	3.10
嘉陵江	略阳	19206	37.10	193.20	10.50
褒河	马道	3415	10.90	319.20	5.20
湑水河	升仙村	2143	10.70	499.30	3.50
酉水河	酉水街	911	4.46	489.60	0.85
金钱河	南宽坪	3936	10.20	259.10	1.00
子午河	两河口	2816	11.20	397.70	5.00
池河	马池	984	3.94	400.40	0.37
月河	长枪铺	2814	8.96	318.40	1.38
旬河	向家坪	6073	20.10	331.00	1.25
蜀河	蜀河	581	2.23	383.80	0.20
合计	—	—	—	—	41.34

3）地下水资源

表 1-8 为秦岭山地地下水资源分布状况。可以看出，秦岭地区多年平均地下水资源量为 $50.3×10^8m^3$，其中黄河流域为 $11.8×10^8m^3$，占全区的 23.5%；长江流域为 $38.5×10^8m^3$，占全区的 76.5%。二级流域分区中，地下水资源量最大的为汉江，高达 $29.8×10^8m^3$，其后依次为渭河、丹江、嘉陵江，最小的为伊洛河，仅为 $3.2×10^8m^3$。

表 1-8　秦岭山地地下水资源分布状况

流域		面积/km²	地下水资源量/10⁸m³	占全区的比例/%
一级流域	二级流域			
黄河	渭河	9333	8.60	17.10
	伊洛河	3064	3.20	6.40
	小计	12397	11.80	23.50

续表

流域		面积/km²	地下水资源量/10⁸m³	占全区的比例/%
一级流域	二级流域			
长江	丹江	7552	4.50	8.95
	嘉陵江	6126	4.20	8.35
	汉江	32436	29.80	59.20
	小计	46114	38.50	76.50
合计		58511	50.30	100.00

1.1.4　秦岭山地土壤类型及其分布

秦岭山地土壤类型较多，整个区域共有 6 个土纲、18 个土类和 42 个亚类（郭兆元，1992）。秦岭主要土壤类型为淋溶土、半淋溶土和初育土，包括棕壤、黄棕壤、褐土、粗骨土等土类，其中棕壤和黄棕壤占整个秦岭山地总面积的 68.85%。各种土壤类型、面积比例及其分布区域如表 1-9 所示。秦岭山地土壤类型空间分布呈现明显的地带性差异（图 1-12），其中北坡主要为半淋溶土和

表 1-9　秦岭山地主要土壤类型及其分布

土纲	土类	面积/km²	所占比例/%	分布区域
半淋溶土	褐土	2922.06	5.31	北坡海拔较低的低山丘陵地区
半水成土	潮土	455.37	0.83	北坡农耕区
	山地草甸土	60.41	0.11	秦岭主脊海拔较高的平缓地区
	沼泽土	24.14	0.04	北坡东部河流缓冲带地区
初育土	粗骨土	5144.31	9.34	南北坡坡度较大的山体地区
	红黏土	74.52	0.14	北坡石灰岩地区
	黄绵土	908.89	1.65	北坡及西部水土流失较为严重的丘陵区
	砂姜黑土	5.71	0.01	秦岭东南部地区
	石灰（岩）土	629.75	1.14	南坡石灰岩地区
	石质土	149.44	0.27	南坡石质山地
	新积土	1943.26	3.53	秦岭边界的河谷山谷地区
	紫色土	309.03	0.56	秦岭东部低山丘陵地区
高山土	草毡土	83.86	0.15	太白山高海拔山地
淋溶土	暗棕壤	935.21	1.70	北坡以及南坡海拔较高的针叶林区
	黄褐土	2262.75	4.11	南坡边界的低山丘陵地区
	黄棕壤	18284.29	33.21	南坡常绿阔叶林-落叶阔叶林混交林区
	棕壤	19621.20	35.64	秦岭中部落叶阔叶林与针叶林区
人为土	水稻土	1245.34	2.26	南坡汉中平原地区

淋溶土，南坡主要为淋溶土，这与南北坡的气候状况以及植被分布差异存在很大的关系。

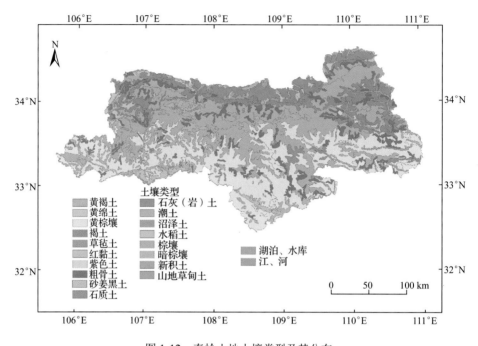

图 1-12 秦岭山地土壤类型及其分布

1.1.5 秦岭山地植被分布

秦岭是我国南北自然地理分界线，秦岭以北属暖温带，以落叶阔叶林为主；以南为北亚热带，以常绿阔叶、落叶阔叶混交林为主。秦岭的高山、中山地貌，一般海拔在 1500～3000m，导致山地气候多样，呈现出明显的山地垂直分带特征，随海拔的上升，依次呈现暖温带、中温带、寒温带等垂直气候带（南坡在暖温带以下还有北亚热带），相应植被和土壤也呈现明显的垂直分带特征。

1. 秦岭山地主要植被类型及其分布

1）秦岭山地自然植被类型

秦岭山地的植被类型非常丰富，根据《陕西植被》（雷明德，1999）中的分类系统和相关研究进展，结合调查数据，秦岭山地自然植被可分为 3 个植被型纲、6 个植被型亚纲、11 个植被型组、18 个植被型、53 个群团，如表 1-10 所示。

表 1-10　秦岭山地植被分类系统

植被型纲	植被型亚纲	植被型组	植被型	群团
森林	针叶林	落叶针叶林	山地寒温性落叶针叶林	太白红杉林
		常绿针叶林	山地寒温性常绿针叶林	巴山冷杉林、秦岭冷杉林、云杉林
			山地温性常绿针叶林	华山松林、油松林、白皮松林、侧柏林
			暖性常绿针叶林	马尾松林
		针阔叶混交林	山地针阔叶混交林	铁杉、栎、桦混交林、松、栎混交林、侧柏、栎混交林
	阔叶林	落叶阔叶林	山地落叶阔叶林	辽东栎林、锐齿栎林、红桦林、牛皮桦林、太白杨、栎、桦林、枫杨、漆、栎树林、鹅耳枥、山桐子、栎树林
			典型落叶阔叶林	栓皮栎林、槲栎林、麻栎林、白栎、短柄枹栎林、茅栗、短柄枹栎、化香林、栓皮栎、麻栎林
		常绿阔叶落叶混交林	暖温性常绿阔叶落叶混交林	栓皮栎、常绿阔叶树混交林、麻栎、常绿阔叶树混交林
	竹林与竹丛	竹丛	温性竹丛	箭竹林、苦竹林
灌丛	针叶灌丛	常绿针叶灌丛	高山常绿针叶灌丛	香柏灌丛
	阔叶灌丛	落叶阔叶灌丛	亚高山落叶阔叶灌丛	柳灌丛、秦岭小檗灌丛
			温性落叶阔叶灌丛	绣线菊灌丛、黄栌灌丛、白刺花灌丛、牛奶子灌丛、蔷薇、枸子灌丛、胡枝子灌丛、丁香灌丛、悬钩子灌丛
			暖性落叶阔叶灌丛	栓皮栎、麻栎灌丛、胡枝子、火棘灌丛、马桑灌丛
		常绿阔叶灌丛	高山亚高山常绿阔叶灌丛	太白杜鹃灌丛、密枝杜鹃灌丛
草地	中生草本植被	草甸	亚高山高山草甸	圆穗蓼、珠芽蓼草甸
			典型草甸	赖草草甸、早熟禾草甸、大披针苔、野古草杂类草草甸
			泛滥低地草甸	芦苇草甸
		疏灌草坡	温性疏灌草坡	白羊草疏灌草坡、黄背草疏灌草坡、白茅疏灌草坡

2）秦岭山地各植被类型分布

秦岭山地植被类型空间分布如图 1-13 所示。

2. 秦岭植被垂直分布特点

依据前人（傅志军，1992；李晓东，1985；方正，1963）对秦岭植被的划分方案，结合秦岭气候、土壤及植被类型的分布和动态特征，以位于研究区西部的太白山和位于研究区东部的牛背梁植被垂直分布为案例,给出秦岭植被垂直分带,并探讨南北植被垂直带的差异性。

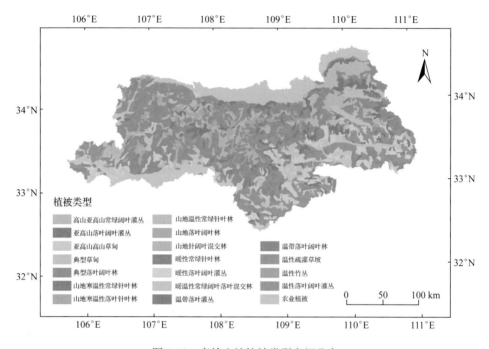

图 1-13　秦岭山地植被类型空间分布

1) 太白山植被垂直带谱

秦岭主峰太白山植被垂直分布非常明显,具有我国东部湿润区典型的温带山地植被垂直带谱特征。不同学者(李晓东,1985;杨志和等,1984;聂树人,1981;方正,1963)对秦岭太白山植被垂直带谱有不同的划分,其主要分歧在于对秦岭北坡基带植被、松林等植被性质的认识上。

秦岭北坡低山区普遍分布侧柏林,杨志和等(1984)将其作为基带来划分垂直带谱。但相关研究表明,秦岭北坡山麓及低山区大面积分布的侧柏林是由于历史上人类频繁垦殖和采樵,使得具有较强竞争能力的侧柏林得到扩大和发展。通过长期的封山育林,除局部陡峭干旱生境仍为侧柏林占据之外,栎类阔叶林得到恢复和发展,因此秦岭北坡基带的地带性植被应是栎林。

方正(1963)根据秦岭海拔 1300～2300m 范围内油松、华山松与锐齿栎林镶嵌分布的现象,将海拔 1300～2300m 划分为垂直带的松栎林带。事实上,尽管油松和华山松的分布范围较广,但其在秦岭多分布在陡峭的山脊梁顶上,或是在阔叶林被破坏后的迹地上,具有演替早期阶段的特征。同时,油松和华山松林的生态适应性较强，分布范围很广，其分布区域气候因素的差异已超出了气候亚带的范围。因此，不宜将油松、华山松作为划分垂直带的标志。

根据上述分析，本书以潜在地带植被分布为依据划分太白山南北坡植被垂直带谱，如图 1-14 所示。该垂直带谱具有以下特点。

（1）秦岭南北坡植被基带不同。秦岭北坡基带是以栓皮栎林为代表的落叶阔叶林，南坡基带为含常绿树的落叶阔叶林，除栓皮栎、麻栎外，常有小青冈和岩栎等常绿阔叶树种混生其中。

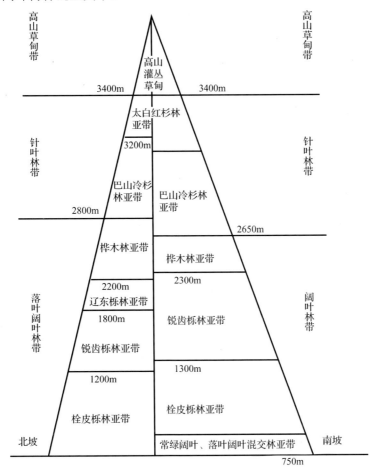

图 1-14　太白山南北坡植被垂直带谱

（2）北坡有比较明显的辽东栎林亚带，南坡则无。辽东栎是一种典型的华北植物区系成分，在秦岭南坡，凤县一带有分布外，一般很难见到。辽东栎林亚带的出现与否是秦岭南北坡植被垂直带差异的明显标志之一。

2）牛背梁植被垂直带谱

牛背梁位于陕西秦岭山脉东段，位于东经 108°45′～109°03′，北纬 33°47′～33°56′，主峰牛背梁海拔 2802m，为秦岭山脉东段主脊最高峰。牛背梁地处暖温带和亚热带之间的过渡地带，牛背梁的植被垂直带谱较为明显（图 1-15），南坡 750m 以下为常绿阔叶、落叶阔叶混交林带；750～2100m 为中低山典型落叶阔叶林（栓皮栎林和锐齿栎林带）；2100～2600m 为中山落叶阔叶桦木林带（红桦和牛皮桦带）；2600m 以上为亚高山寒温性针叶林带（巴山冷杉林亚带）。北坡 600～1800m 为落叶阔叶栎林带；1800～2100m 为桦木林带；2100m 以上为针叶林带。地形作用使海拔 2400m 以上形成大片山地草甸。

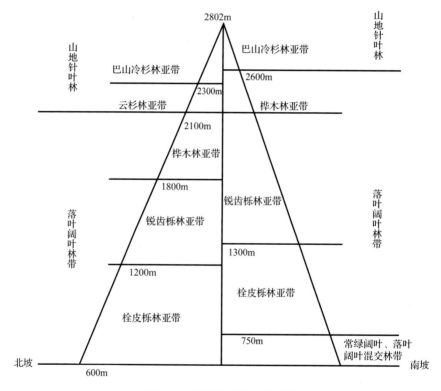

图 1-15　牛背梁植被垂直带谱

1.1.6　秦岭山地土地利用现状

秦岭山地 2015 年土地利用状况如图 1-16 所示。秦岭山地林地和草地面积占总面积的 73.78%，耕地占总面积的 23.71%，其他土地利用类型仅占 2.51%，其中建设用地、水域和未利用地分别占 1.87%、0.58%、0.06%。按照土地利用二级类型分类标准，林地中有林地、灌木林地、疏林地和其他林地分别占总面积的22.08%、7.19%、9.31%和 0.24%；草地中高覆盖度草地、中覆度盖草地和低覆盖度草地分别占 16.38%、16.16%和 2.42%；耕地中旱地和水田分别占 15.24%和 8.47%。

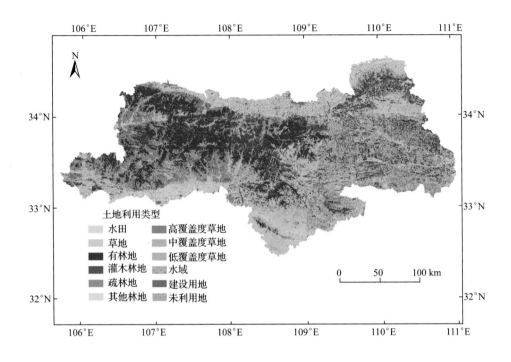

图 1-16　秦岭山地 2015 年土地利用状况

1.2　秦岭山地植被净初级生产力时空格局

净初级生产力（net primary productivity，NPP）是指单位时间单位面积植被光合作用同化的碳与自养呼吸造成的碳流失的差值。区域内的 NPP 模拟不仅能够了解该地区生态系统的生产能力、固碳量，还能直观地展现出生态系统对气候条件的响应。因此，对秦岭地区净初级生产力进行模拟研究显得尤为重要。

1.2.1　模型选择

目前 NPP 模拟的主要模型包括：气候相关统计模型、生态系统过程模型和光能利用率模型。气候相关统计模型是以降水和气温作为植被净初级生产力的影响因素而建立的简单回归统计模型，是一种经验模型，操作简单但是可靠性不高。生态系统过程模型是一种以植被生理性为基础，以土壤、植被和大气三者作为一个整体，对这个系统中植被生长过程中的光合、呼吸、蒸腾和水分挥发等作用，以及有机物质的分解进行模拟，从而对其各个环节的碳交换进行精确计量来估算 NPP 的模型。对于 NPP 的估算结果可靠性较高，但操作过程过于复杂、数据难以获取且费时费力，因此可用性不高。最为常用的是光能利用率模型，其原理基于植被光合作用，利用光能利用率(ε)以及遥感数据反演得到的植被指数 NDVI 来估计植被的生长状况从而计算植被固定的有机物的量，得出生态系统的生产能力，具有操作简单、模拟精度相对较高、应用范围广泛等优点。常用的光能利用率模型包括：CASA、SDBM、GLO-PEM、C-FIX 等。本节采用的 NPP 估算模型为 Potter 等（1993）提出的 CASA 模型，其估算公式如下：

$$NPP(x,t) = APAR(x,t) \times \varepsilon(x,t) = PAR(x,t) \times FPAR(x,t) \times \varepsilon(x,t) \tag{1-1}$$

式中，$APAR(x,t)$为像元 x 在 t 月吸收的光合有效辐射；$\varepsilon(x,t)$为各像元的实际光能利用率；$PAR(x,t)$为光合有效辐射；$FPAR(x,t)$为植被层对入射 PAR 的吸收比例，可以通过两种不同的变量计算得到，一般情况下，$FPAR(x,t)$取两种方式计算结果的平均数。

1.2.2 秦岭山地植被净初级生产力 NPP 空间分布

1. 年均 NPP 空间分布

利用 ArcGIS 对 CASA 模型模拟得到的 NPP 结果进行处理，并将 NPP 划分为六个等级：$0\sim400$g C/(m$^2\cdot$a)、$400\sim500$g C/(m$^2\cdot$a)、$500\sim600$g C/(m$^2\cdot$a)、$600\sim700$g C/(m$^2\cdot$a)、$700\sim800$g C/(m$^2\cdot$a)、大于 800g C/(m$^2\cdot$a)，得到 1982$\sim$2009 年秦岭山地年均 NPP 空间分布图（图 1-17）。秦岭山地多年年均 NPP 空间分布差异明显，最大值为 1191.19g C/(m$^2\cdot$a)，最小值为 0，平均值为 586.8g C/(m$^2\cdot$a)；大部分区域的 NPP 处于 $400\sim800$g C/(m$^2\cdot$a)，这些区域占整个研究区总面积的 95.15%，所产生的 NPP 总量占秦岭山地 NPP 总量的 96.14%。NPP 高值区[大于 800g C/(m$^2\cdot$a)]主要分布在东南部的商南县、山阳县和丹凤县，其他地区也有零星分布，但分布面积均不大。整体来看，研究区西北部相对于其他地区 NPP 水平较高[$700\sim800$g C/(m$^2\cdot$a)]，这应该与当地主要分布着生产能力较大的落叶阔叶林及其自然保护区较多有关。研究时段内秦岭山地植被 NPP 平均总量为 35.19×10^{12}g C/a。

2. 不同季节 NPP 空间分布特征

图 1-18 为 1982$\sim$2009 年秦岭山地不同季节 NPP 的空间分布，各季 NPP 均值大小为夏季(314.92g C/m^2)>春季(141.13g C/m^2)>秋季(105.64g C/m^2)>冬季(25.15g C/m^2)。春季有超过 97%的区域 NPP 高于 100g C/m^2；夏季是植被生长最繁盛、生产量最大的季节，NPP 水平高居全年之首，最大值达到 622g C/m^2，除研究区北部的长安区、蓝田县、华县一带的一些地区外，秦岭大部分地区的 NPP 均大于 200g C/m^2；秋季 NPP 大多集中于 $50\sim150$g C/m^2，整个研究区内 NPP 水平大致相同；冬季秦岭山地绝大部分地区的 NPP 在 40g C/m^2 以下，但在宁陕县中部、太白县、周至县、佛坪县和洋县四县的交界处，NPP 达到 40g C/m^2 以上。

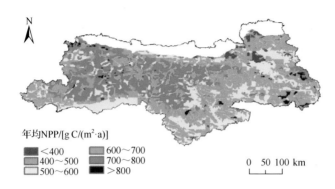

图 1-17　1982～2009 年秦岭山地植被年均 NPP 空间分布

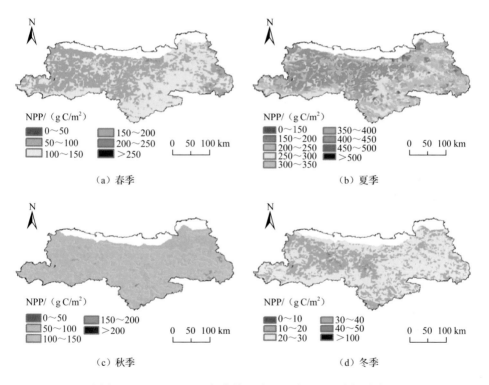

图 1-18　1982～2009 年秦岭山地不同季节 NPP 空间分布

1.2.3　秦岭山地 1982～2009 年 NPP 变化趋势

通过一元线性回归方法,使用最小二乘法将 1982～2009 年每个像元上的 NPP 值进行线性拟合得到秦岭山地 NPP 的变化趋势,如图 1-19 所示。可以看出,秦岭山地在 1982～2009 年 NPP 的变化趋势以下降为主,研究区大部分地区 NPP 下降幅度不大,在-5～0g C/(m²·a);下降明显的地区主要分布在北部边界的长安区、蓝田县和华县一带，以及西乡县北部、周至县南部、洛南县与丹凤县交界等地区，在$-20\sim-10$g C/(m²·a)。NPP成片增长的区域主要分布在宁强县、汉台区、洋县南部一带，汉滨区南部、旬阳县西部以及商州区、洛南县一带，在太白山附近和中部一些地区也零星分布有NPP增长像元群，但增长幅度不大，仅为$0\sim5$g C/(m²·a)，在这些地区周围也存在部分增长趋势较为明显的区域，增幅为$5\sim10$g C/(m²·a)，如安康市中南部等地。NPP增长趋势最明显的地区主要位于太白山附近及商洛市中部，均以像元小斑块分布为主，增长幅度大于10g C/(m²·a)。

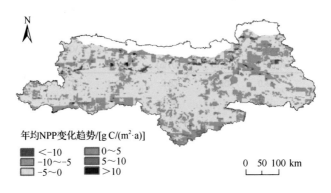

图1-19　1982～2009年秦岭山地NPP变化趋势

对1982～2009年NPP变化趋势的显著性分析发现，研究区78.05%的区域NPP呈显著性变化，其中17.13%的区域为NPP增长区，60.92%的区域为NPP下降区，且极显著下降区占到总面积的32.37%。

1.3　秦岭山地生态系统水源涵养服务及其影响因素

生态系统服务是指生态系统与生态过程形成及维持的人类赖以生存的自然环境条件与效用，对维持自然生态环境的格局、过程和功能具有重要意义，也关乎人类福祉。由于人类对生态系统的影响日益剧增，环境问题与生态安全问题日益凸显，使得公众环境意识增强，并在一定程度上影响到政府决策和社会感召力，生态系统服务功能和价值研究也持续升温。联合国千年生态系统评估（The Millennium Ecosystem Assessment，MA）根据评价与管理的需要，将生态系统服务功能分为四大类：供给服务、调节服务、文化服务和支持服务。

秦岭山地不仅是世界生物多样性最丰富的地区之一，也是我国中部重要的生态屏障，南坡是南水北调中线工程重要的水源涵养地，北坡是关中城市群主要的水源地；同时，秦岭自然景观丰富独特，具有极高的观赏和科考价值。进行秦岭山地生态服务特别是水源涵养服务的评估对于科学认识秦岭的生态系统服务，开展秦岭山地生态保育具有重要的意义。本节以商洛市为案例，对其水源涵养服务及其影响因素进行研究，并对受城市化影响较大的秦岭北坡水源涵养服务进行评价。

1.3.1　水源涵养服务评估方法

生态系统水源涵养功能主要表现在拦蓄降水、调节径流、影响降水量、净化水质等方面，同时对改善水文状况、防止河流水库淤塞和调节区域水分循环也起着关键作用。生态系统服务和交易的综合评估（integrated valuation of ecosystem services and trade-offs，InVEST）模型从水文角度，以中小尺度流域单元为对象，反映不同土地利用、气候、植被状况、土壤性质下的产水量大小，模型以地图形式空间表达流域产水能力，对间接自然价值赋予了恰当的衡量标准，但数据与参数的本地适宜性成为模型结果可靠与否的关键。国内学者将 InVEST 模型成功运用于北京山区、都江堰市、三江源、密云水库和白洋淀等地区，取得了较好的效果。

本节结合研究区的土地利用数据、地形数据、年均降水量、蒸散量、植物有效含水量、根系深度、作物系数、土壤属性数据、氮磷输出负荷以及流域累计阈值等，基于 InVEST 模型对秦岭生态系统水源涵养能力进行评估。

1.3.2　水源涵养服务评估——以商洛市为例

秦岭南坡作为国家南水北调中线工程的重要水源地，水源涵养功能好坏直接关系到水源安全和供水安全，对保证陕西境内丹江出省断面的水质达标起到关键作用。商洛市位于陕西省东南部，秦岭山脉的东段南麓，位于东经 108°34′20″～111°01′25″，北纬 33°02′30″～34°24′40″，总面积 19586.4km^2（图 1-1）。本节以商洛市为例，对小流域尺度的产水量与水源涵养时空格局与驱动机制进行分析，不但在分区水土保持治理中充分发挥区域生态功能与效益，为分层次与等级的生态补偿机制提供技术支持，又可为落实陆域-水域综合保护与防治对策提供重要参考。

1. 数据需求与参数

表 1-11 为用于评估商洛市水源涵养服务的 InVEST 模型参数及其信息，其中模型包括产水模块和水源涵养两个模块，以此在 InVEST 软件中进行商洛市生态系统的定量评估（Tallis et al.，2013）。

表 1-11　资料需求来源与参数本地化（陈姗姗等，2016）

模块	需要数据	参数获取与校验处理
产水	土地利用	HJ-1 卫星 CCD 数据 2000 年、2010 年陕西省生态十年下解译后的数据
模块	流域边界	大面积流域边界范围基础上提取商洛市县域

续表

模块	需要数据	参数获取与校验处理
产水模块	子流域	基于数字高程模型水文与河网子流域提取，生成 385 个子流域
	降水量	利用商洛市及周边网站共 19 个网站 1981～2013 年月降水量，计算年平均降水量，考虑海拔采用协同克里金插值，用交叉验证法对插值进行精度校正
	潜在蒸散发	采用修正的哈格里夫斯（Modified-Hargreaves）公式计算，包括 1981～2013 年日最高气温、日最低气温、大气顶层辐射等
	土层厚度	商洛地区土壤普查数据，商洛土壤资源质量评价参数表。川原地层剖面 25 类；低山丘陵区土层剖面 11 类；中山区主要土层剖面 7 类
	根系深度	基于陕西省植被类型与植被覆盖度数据，结合研究实验区（丹江流域典型区商南县鹦鹉沟）流域植被类型分布深度界限值赋值。共 13 类，其他非植被赋值为 1
	植物可利用水含量	商洛地区土壤普查数据，土壤质地组成与分类表。基于商洛地区土壤类型亚类级 58 种，包括土壤黏粒、粉粒、细砂和粗砂、有机质等含量。参考商洛市土壤的田间持水量（9 类）和土类吸水凋萎系数（7 类）的最大吸湿水与凋萎系数
	Zhang 系数	利用基期的降水径流关系得到 2000～2013 年平均自然径流量，然后根据 Chen 等（2005）反复校验得出，估值为 2.87。遵循数值最接近自然径流量
水源涵养模块	地形指数	根据土壤深度、百分坡度和汇水面积计算获得
	土壤饱和导水率	基于实地土壤黏粒、粉粒和粗砂百分比含量数值用 Neuro Theta 软件预测出饱和导水率。经过训练资料可信度分析，标准差（SD）平均达到 0.011
	流速系数	采用模型参数表数据
	百分比坡度	基于 GIS 空间分析模块，根据 DEM 算得。本区河谷川原坡度 1°～7°、浅山丘陵坡度 10°～25°、中山地貌坡度>25°
	集水栅格数	基于 GIS 空间分析模块，根据 DEM 算得
	数字高程图	30m×30m DEM，洼地填充处理

2. 商洛市水源涵养服务空间格局

1）产水量空间格局

InVEST 模型产水量结果采用栅格与子流域单元（_mn）为标准的数据表和图层，表达了产水量总值和 385 个小流域产水深度（图 1-20）。结果表明：2010 年商洛市产水总量为 $35.50 \times 10^8 \text{m}^3$，产水深度平均值为 464.84mm，产水量能力整体较强。由图 1-20 可知，产水量整体由北向南梯度增加，镇安县、柞水县和商南县东南部产水量大，洛南县附近产水量明显较小。就流域单元而言，二级流域产水深度平均值为：旬河(539.77mm)>乾佑河(506.41mm)>金钱河(498.54mm)>丹江(469.74mm)>洛河(391.53mm)。

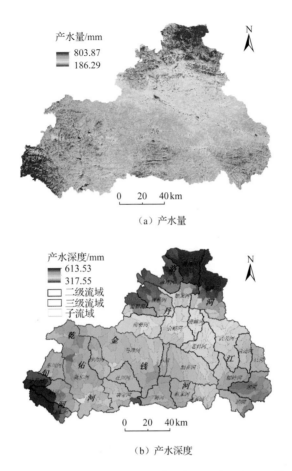

（a）产水量

（b）产水深度

图 1-20　2010 年商洛市产水量和流域单元产水深度（陈姗姗等，2016）

商洛市降水量整体较充沛，由北向南逐渐递增；由河谷向山地，降水量随海拔升高而增加。旬河与乾佑河中北部地处中山地貌，除降水补给外，还有部分融雪补给，垂直梯度降水量可增至 900mm，其中柞水县和镇安县年蒸发量低于平均水平约 172mm，加上该流域林木茂盛，林分结构复杂，因此产水量最大；金钱河北部属于浅山地貌，疏林灌木面积占优，丹江下游商南县宽谷阶地完整，水网密布，属于富水盆地，产水量次之；洛河分属黄河流域，河网较为稀疏，平均降水量低于 700mm，平均径流深度 205mm，丹江上中游的商州区与丹凤县全年平均蒸发量高，约比商洛市平均值高 197mm，丹江北侧川道区是重要农业生产基地，土壤类型以新积土为主，土壤持水量低，产水量较小。

2）水源涵养功能空间格局

基于产水量模型结果，结合地形指数和土壤饱和导水率等计算，商洛市水源涵养能力为 324.85mm，水源涵养总量为 $27.48 \times 10^8 m^3$。如图 1-21 所示，空间分布从西南向东北递减，水源涵养空间分布基本与产水量一致。流域单位面积水源涵养功能为旬河 (410.72mm) > 乾佑河 (352.06mm) > 金钱河 (336.50mm) > 丹江 (320.54mm) > 洛河 (238.09mm)。水源涵养生态服务总量为丹江 (9.35×10^{8}m^3) > 金钱河 (6.63×10^{8}m^3) > 乾佑河 (4.58×10^{8}m^3) > 旬河 (3.66×10^{8}m^3) > 洛河 (3.57×10^{8}m^3)。

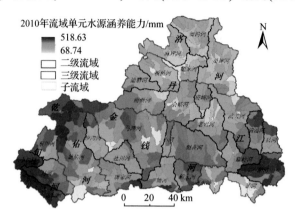

（a）水源涵养能力分级

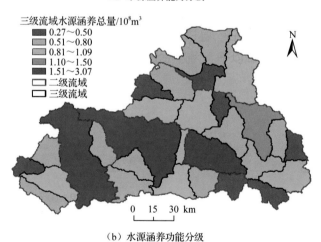

（b）水源涵养功能分级

图 1-21　子流域水源涵养能力和功能等级分类（陈姗姗等，2016）

水源涵养服务表征了生态系统保持水分的过程与能力，是流域蓄水保水的平均值。旬河与乾佑河北部流域产水量大，森林郁闭度高，垂直层次完整，生态系统水文功效最好，流域植被的截留降水能力和土壤长期稳定蓄水量大，土壤最大持水量和水利传导度较高，水源涵养能力最强；丹江下游区域的湘河与清水河地处海拔低的河谷川道，水热条件好，阶地发育始成黄棕壤，土壤涵养水能力较强；金钱河南部与丹江上中游南部支流虽然产水量较大，但主要分布在坡度 10°～25°

的"浅山区",河谷深切,易产生地表径流,植被以稀疏的落叶阔叶林兼灌木与杂草混生为主,植被拦蓄能力弱,土壤水分蒸发较大,水源涵养能力一般;而洛河流域与丹江北部产水量小,旱地面积集中,植被层次单一,农田对降水量截留能力小,且以新积土和潮土为主,淋溶作用强,土壤保水较差。城镇由于表面的特殊性,降水下渗量小,几乎都转化为了地表径流,水源涵养功能值最小。

3）不同因子对产水量与水源涵养功能影响

根据影响驱动因素与模型重要参数运行结果,选取 8 类 12 个因子,在 ArcGIS10.0 中,基于模型结果图层分区统计,得出各子流域因子数值,进一步以 385 个小流域为单元分析产水能力和水源涵养功能与各因子之间的关系与显著程度,在标准化处理消除数据量纲基础上,采用 SPSS17.0 逐步回归分析,保留显著因子,剔除不显著因子,降低自变量之间干扰（DW 数值结果均在 2 附近,表明残差服从正态分布）,结果如表 1-12 所示。

表 1-12 子流域产水能力影响因子与水源涵养功能影响因子（陈姗姗等,2016）

产水能力影响因子（wyield_mn）				水源涵养功能影响因子(retention_mn)			
保留因子	B（降序）	R^2	P	保留因子	B（降序）	R^2	P
Precip_mn	1.15	0.97	0.000	PET_mn	0.59	0.72	0.007
AET_mn	−0.41	0.99	0.000	Ksat_mn	0.50	0.52	0.007
PAWC_sum	0.21	0.99	0.000	AET_mn	−0.41	0.77	0.000
VF_sum	−0.08	0.97	0.000	VF_sum	0.38	0.81	0.000
Soildepth_mn	−0.06	0.99	0.000	旱地比例	−0.29	0.71	0.006
旱地比例	−0.03	0.99	0.034	DEM_mn	−0.20	0.79	0.000
				Soildepth_mn	0.18	0.80	0.000
				PAWC_mn	0.10	0.80	0.000

注：B 是非标准回归系数；R^2 是拟合度；P 是显著程度,小于 0.05 表示显著；Precip_mn 是多年平均降水量；AET_mn 是子流域单元实际蒸散量；PAWC_sum 和 PAWC_mn 是子流域植被可利用水总量和平均值；VF_sum 是子流域森林覆盖率总量；Soildepth_mn 是子流域土壤深度平均值；PET_mn 是子流域单元潜在蒸散量；Ksat_mn 是子流域土壤饱和导水率平均值；DEM_mn 是子流域海拔平均值；旱地比例是子流域水田、梯坪地和坡耕地所有耕地所占面积比例。

由表 1-12 可知,产水逐步回归 R^2 显著性很强,说明拟合方程能很好地反映因子信息,显示降水量与产水量高度正向相关,影响最大,子流域单位二者数值波动趋势同步性高；实际蒸散量对产水量高度负相关,子流域数值基本成反比；而植物可利用水总量正相关较小,森林覆盖率呈较小的负相关关系,土壤深度与旱地比例也对产水能力产生负面影响。水源涵养逐步回归 R^2 显著性较强,流域水源涵养受潜在蒸散量和土壤饱和导水率的正面影响最大,与实际蒸散量呈高度负相关,森林覆盖率正相关较好。

1.3.3 秦岭北麓水源涵养服务空间格局

1. 秦岭北麓水源涵养评估结果

生态系统的水源涵养能力，是区域蓄水、保水能力的量化表征。基于 InVEST 模型对秦岭北麓生态系统水源涵养能力的进行评估，2000 年与 2010 年秦岭北麓各小流域水源涵养能力如图 1-22 所示。2000 年秦岭北麓水源涵养总量为 $40.16 \times 10^8 \mathrm{m}^3$，黑河流域、石头河流域为主要的水源涵养区，涵养量为 $9.74 \times 10^8 \mathrm{m}^3$ 和 $6.64 \times 10^8 \mathrm{m}^3$，分别占区域水源涵养总量的 24.26% 和 16.54%；潼河流域的水源涵养量最低，为 $1.51 \times 10^8 \mathrm{m}^3$，占水源涵养总量的 3.76%；其余各流域水源涵养量居中，分别占区域水源涵养总量的 8.85%～9.78%。2010 年，秦岭北麓水源涵养总量有所增加，为 $44.50 \times 10^8 \mathrm{m}^3$。黑河流域为 $10.89 \times 10^8 \mathrm{m}^3$，占水源涵养总量的 24.48%；水源涵养量较低的为罗夫河流域、零河流域，潼河流域水源涵养量最小，为 $1.46 \times 10^8 \mathrm{m}^3$；石头河流域等其他流域次之。

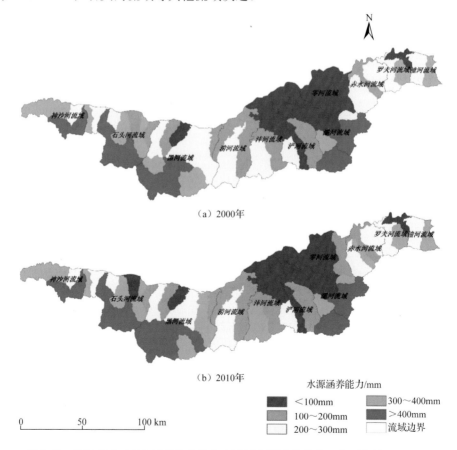

图 1-22　2000 年与 2010 年秦岭北麓各小流域水源涵养能力（范亚宁等，2017）

2. 秦岭北坡水源涵养服务空间格局变化

从水源涵养能力来看，无论是 2000 年还是 2010 年，水源涵养能力的高值区均出现在中高山，如黑河流域南部、石头河流域南部、神沙河流域、灞河流域东南部小流域，水源涵养能力较大，均大于 300mm；而位于关中地区的零河流域、沣河流域北部、浐河流域北部以及灞河流域西北部小流域水源涵养能力明显较弱，均小于 100mm；其余地区水源涵养能力在 100～300mm。

黑河流域上游、石头河流域上游、神沙河流域以及灞河流域上游，因植被覆盖度高，植被垂直结构发育完整，山地棕壤、暗棕壤土层厚，植被强有力的拦蓄水能力和土壤稳定的持水能力，共同决定了秦岭北麓南部小流域较强的水源涵养能力；而黑河流域北部、石头河流域北部、涝河流域以及赤水河流域、罗夫河流域、潼河流域，靠近平原地区，农业活动频繁、城镇化程度较高，易产生地表径流，水源涵养能力较弱；而位于关中城市群的浐河流域下游、沣河流域下游、灞河流域下游西北部及零河流域西部，城市区受人类活动干扰强烈，自然植被保持面积小，下垫面异质性显著，水源涵养能力明显较弱。

由表 1-13 可以看出，2000～2010 年除潼河流域外，秦岭北坡各流域水源涵养能力均在增加，主要与这 11 年间裸地面积减少，森林、灌丛、草地覆盖度增加及降水量增多密切相关，特别是零河流域、涝河流域、赤水河流域、灞河流域、黑河流域水源涵养能力，2000～2010 年均增加了 10%以上。

表 1-13　2000 年、2010 年秦岭北坡流域水源涵养能力空间分布特征

流域	水源涵养总量/10⁸m³			水源涵养能力/mm		
	2000 年	2010 年	变化量	2000 年	2010 年	变化率/%
黑河流域	9.74	10.89	1.15	294.73	329.48	11.79
石头河流域	6.64	7.02	0.38	328.41	347.23	5.73
浐河流域	3.93	4.33	0.40	226.86	249.81	10.12
灞河流域	3.46	3.90	0.44	222.03	250.54	12.84
神沙河流域	3.30	3.62	0.32	331.91	363.29	9.45
涝河流域	3.25	3.83	0.58	202.31	238.76	18.02
沣河流域	2.75	3.11	0.36	173.80	196.94	13.31
赤水河流域	2.35	2.77	0.42	217.28	255.85	17.75
罗夫河流域	1.66	1.68	0.02	257.36	260.08	1.06
零河流域	1.57	1.89	0.32	124.17	149.28	20.22
潼河流域	1.51	1.46	−0.05	287.25	277.37	−3.44

1.4　本 章 小 结

（1）秦岭山地陕西段年平均固碳总量为 $35.19×10^{12}g$ C，NPP 空间分布在 0～1191.19g C/(m²·a)，平均为 586.85g C/(m²·a)，1982～2009 年，有 17.13%区域 NPP 呈显著增长，60.92%区域 NPP 呈显著下降。

秦岭山地多年年均 NPP 空间分布在 0～1191.19g C/(m²·a)，大部分区域 NPP 都处于 400～800g C/(m²·a)，占整个研究区总面积的 95.15%，所产生的 NPP 总量占秦岭山地 NPP 总量的 96.14%；研究时段内秦岭山地植被 NPP 平均总量为 $35.19×10^{12}g$ C/a；各季 NPP 均值为夏季(314.92g C/m²)>春季(141.13g C/m²)>秋季(105.64g C/m²)>冬季(25.15g C/m²)。1982～2009 年，研究区 78.05%的区域 NPP 呈显著性变化，其中 17.13%的区域呈显著增长，60.92%的区域 NPP 呈显著下降，且极显著下降区占到总面积的 32.37%。

（2）商洛市 385 个小流域产水平均深度和产水量总量分别为 464.84mm 和 $35.50×10^8m^3$，水源涵养能力为 324.85mm，水源涵养总量为 $27.48×10^8m^3$。

商洛市植被水源涵养总量为 $24.06×10^8m^3$，占水源涵养总量的 87.55%。二级流域产水深度均值和流域单位面积水源涵养功能均为旬河>乾佑河>金钱河>丹江>洛河；水源涵养生态服务总量依次为丹江($9.35×10^8m^3$)>金钱河($6.63×10^8m^3$)>乾佑河($4.58×10^8m^3$)>旬河($3.66×10^8m^3$)>洛河($3.57×10^8m^3$)。多年降水、实际蒸散发和植物可利用水对 385 个小流域产水量影响最大；潜在与实际蒸散量、土壤饱和导水率与森林覆盖率对子流域水源涵养能力影响最为显著。

（3）秦岭陕西段北麓水源涵养总量年均为 $42.33×10^8m^3$，2000 年～2010 年各流域水源涵养能力几乎均在增加，以零河流域、涝河流域和赤水河流域增加最为明显。

2000 年，秦岭北麓水源涵养总量为 $40.16×10^8m^3$，黑河流域、石头河流域涵养量分别为 $9.74×10^8m^3$ 和 $6.64×10^8m^3$；2010 年，秦岭北麓水源涵养总量有所增加，为 $44.50×10^8m^3$。除潼河流域外，各流域 2000～2010 年间水源涵养能力均在增加，这与森林、灌丛、草地覆盖度增加及近些年来秦岭北坡降雨增多密切相关；二级流域有 5 个流域增加了 10%以上。

参 考 文 献

白红英, 2014. 秦巴山区森林植被对环境变化的响应[M]. 北京: 科学出版社.

陈芳莉, 晁智龙, 邱玉茜, 2012. 秦岭生态区水资源分析评价[J]. 陕西水利, (5):13-14.

陈姗姗, 刘康, 包玉斌, 等, 2016. 商洛市水源涵养服务功能空间格局与影响因素[J]. 地理科学, 36(10): 1546-1554.

范亚宁, 刘康, 陈姗姗, 等, 2017. 秦岭北麓陆地生态系统水源涵养功能的空间格局[J]. 水土保持通报, 37(2): 50-56.

郭兆元, 1992. 陕西土壤[M]. 北京: 科学出版社.

雷明德, 1999. 陕西植被[M]. 北京: 科学出版社.

李晓东, 1985. 对陕西秦岭西段南坡植被垂直带划分问题的一点认识[J]. 陕西林业科技, (3):88-92.

刘胤汉, 2015. 陕西省综合自然地理的研究与拓展[M]. 北京: 科学出版社.

聂树人, 1981. 陕西自然地理[M]. 西安：陕西人民出版社.

沈永平, 王国亚, 2013. IPCC 第一工作组第五次评估报告对全球气候变化认知的最新科学要点[J]. 冰川冻土, 35(5): 1068-1076.

西北大学地理系, 1979. 陕西农业地理[M]. 西安：陕西人民出版社.

杨志和, 刘善明, 王广成, 1984. 秦岭南坡洋县境内森林垂直分布及营林区划意见[J]. 陕西林业科技, (2):43-45.

张泰伟, 2001. 秦岭种子植物区系科的组成、特点及其地理成分研究[J]. 植物研究, 21(4): 536-545.

FENG Q C, 2005. A Primary study on the relation of soil macropore and water infiltration in Evergreen Broad-Leaved Forest of Jinyun Mountain[J]. Journal of Southwest China Normal University(Natural Science), 30(2):350-353.

POTTER C S, RANDERSON J T, FIELD C B, et al., 1993. Terrestrial ecosystem production: a process model based on global satellite and surface data[J]. Global Biogeochemical Cycles,7(4): 811-841.

PRINCE S D, GOWARD S N, 1995. Global primary production: a remote sensing approach[J]. Journal of Biogeography, 22: 815-835.

TALLIS H T, RICKETTS T, GUERRY A D, et al., 2013. InVEST 2.5.3 User's Guide[M]. Stanford: The Natural Capital Project.

VEROUSTRAETE F, SABBE H, EERENS H, 2002. Estimation of carbon mass fluxes over Europe using the C-Fix model and Euroflux data[J]. Remote Sensing of Environment, 83(3): 376-399.

第 2 章 1959～2015 年秦岭气候变化规律与特征

2.1 秦岭太白山气温直减率时空差异性

气温直减率是模拟山地气候、生态过程及环境保护等研究的重要输入参数，也是气候变化研究的基础数据，获取精确的气温直减率对于准确地揭示山地气温分布特征（Li et al.，2013；Minder et al.，2010；方精云，1992；翁笃鸣等，1984）和定量评估山地生态系统对气候变化的响应具有重要的意义（莫申国等，2007）。秦岭山地对南北空气的阻隔作用强，不仅南北温度差异大，而且温度随海拔变化的快慢也不相同。早期，在秦岭山脉高海拔地区，由于气候恶劣和技术薄弱，无气象观测站点，前人关于秦岭山地气温随海拔变化的研究资料大都来源于 2000m 以下中低海拔区及周边地区的气象站点，或克服艰难险阻进行实际考察和观测，获得了许多宝贵的高海拔气温资料（Tang et al.，2006；任毅等，2006；傅抱璞，1983；傅抱璞，1982）。但由于获取气象数据方法、途径和区位不同，导致关于秦岭气温直减率研究结果存在明显的差异。

本节以 2013～2015 年太白山不同海拔南北坡 11 个标准气象观测站点实测气温数据为基础，结合空间分辨率为 25m×25m 的 DEM 资料，研究太白山气温垂直递减率的时空变化特征，以期更真实地揭示秦岭主峰太白山复杂山地气候特点，为定量研究区域气候变化和陆地生态系统响应等提供理论支撑（白红英等，2012）。

2.1.1 秦岭太白山概况与数据源

1. 太白山地理环境

太白山是秦岭山脉的主峰和最高峰，地处陕西秦岭中段，跨眉县、太白县和周至县三县，地理位置为东经 107°16′46″～107°56′28″，北纬 33°46′46″～34°12′1″，平均海拔约 2050m，最高海拔为 3771.2m，独特的地理位置使其成为生态环境过渡地带及气候变化敏感区（秦进等，2016；马新萍等，2015）。太白山的地理位置及气象站点分布见图 2-1。

太白山属内陆季风气候，常年低温多雨，年平均降水量 500～1100mm，年平均气温 5.9～7.5℃，见图 2-2。太白山属于褶皱断块高山，可按海拔将其分为低山区（800～1500m）、中山区（1500～3000m）和高山区（3000m 以上）三种地貌类型区。低山区兼有黄土地貌与基岩山地地貌的特点，中山区以峰岭地貌发育为特征，高山区保存着比较完整且形态较为清晰的第四纪冰川地貌（张善红等，2011）。太白山巨大的高差形成明晰的垂直气候带、土壤带和生物种群带，分布着国家一级重点保护动物大熊猫、金丝猴、羚羊和国家一级重点保护植物独叶草、红豆杉等，使其成为我国亚热带和暖温带交汇区的一个生物资源宝库（中国气象局，2016）。

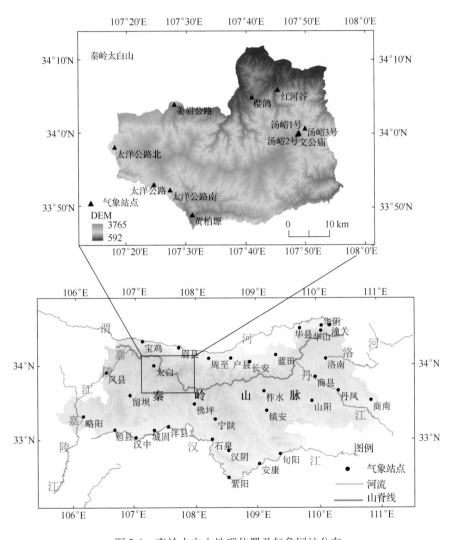

图 2-1　秦岭太白山地理位置及气象网站分布

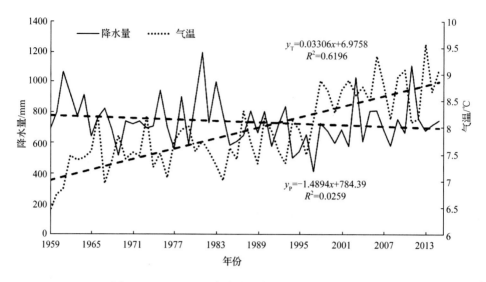

图 2-2　1959～2015 年太白县年均气温与降水量变化

2. 数据源

本章所采用的数据主要包括：太白山 2013～2015 年 11 个标准气象站点的日平均气温数据，北坡包括文公庙、汤峪 1 号、汤峪 2 号、汤峪 3 号、姜眉公路、红河谷及樱鸽 7 个气象站点，南坡包括文公庙、太洋公路、太洋公路北、太洋公路南和黄柏源 5 个观测站点，其中文公庙海拔较高且几乎处于山脊线上，分属南北两坡，见表 2-1 和图 2-1，由陕西省气象局提供。检验资料：为太白气象站 1959～2015 年连续 57 年的月均温资料，海拔为 1543.6m；DEM 分辨率为 25m×25m。

表 2-1　秦岭太白山气象站资料

位置	站点	北纬/（°）	东经/（°）	海拔/m
北坡	文公庙	34.00	107.81	3378
	汤峪 1 号	34.00	107.82	3213
	汤峪 2 号	34.00	107.82	2767
	汤峪 3 号	34.01	107.83	2253
	姜眉公路	34.07	107.47	1510
	红河谷	34.00	107.76	1273
	樱鸽	34.08	107.68	857
南坡	文公庙	34.00	107.81	3378
	太洋公路	33.88	107.41	2329
	太洋公路北	33.97	107.30	2000
	太洋公路南	33.87	107.46	1988
	黄柏源	33.82	107.52	1232

2.1.2　资料的可信度分析

为检验利用太白山 11 个气象站点 2013～2015 年连续三年气象资料计算所得的 γ 是否符合 50 多年来气温随海拔变化的普遍规律，本章从背景气候和数据特征两个方面进行分析。

1. 样本数据的代表性检验

图 2-2 为太白县气象站（海拔 1543.6m）1959～2015 年连续 57 年的气温和降水变化趋势。从图 2-2 可知，1959～2015 年太白县气温呈显著上升趋势，升温速率为 0.336℃/10a；年降水总量呈不显著下降趋势，下降速率为 15.856mm/10a。2013年、2014 年和 2015 年气温与降水量均接近于 1959～2015 年变化趋势拟合线，即这三年属于全球气候变化下的正常气候，中国气象局发布的《2013～2015 年中国气候公报》也显示，2013～2015 年中国气候为正常年景。

从 11 个标准气象站点中选择低海拔和高海拔区域站点各一个，与 50 多年长期观测的太白县气象站进行对比分析，发现所选的姜眉公路和文公庙两个气象站点 2013 年、2014 年和 2015 年各月气温，与太白县气象站 1959～2015 年 1～12月平均气温的相关系数均大于 0.98，且达到 0.01 显著性水平，表明连续三年年内月均温变化趋势与 1959～2015 年 1～12 月平均气温变化趋势表现出很高的一致性。

因此，利用太白山不同海拔 2013～2015 年 11 个气象站点资料所获得的气温直减率，既可反映整个太白山气温随海拔的变化规律，又可表征该规律的普遍性。

2. 样本所得气温直减率的一致性分析

利用 SPSS 22.0 软件对连续三年南北坡各月气温直减率（γ）进行差异性检验，结果如表 2-2 所示。统计量 F 和 T 的相伴概率 P 均大于 0.05，说明 2013 年、2014年和 2015 年各月南北坡气温直减率方差和平均值均无显著差异，同时均值差 95%置信区间跨 0，也表明连续三年平均 γ 无显著差异。因此，可以将 2013～2015 年各时间尺度上的 γ 进行均值化处理，以更准确地表征太白山各时间尺度上 γ 的实际状态。

表 2-2　2013～2015 年太白山南北坡气温直减率差异性检验统计量（翟丹平等，2016）

时间（坡向）	F	P 值（F）	T	P 值（T）	95%置信区间
2013～2014 年（N）	0.322	0.576	0.061	0.952	0
2013～2015 年（N）	0.891	0.375	0.467	0.645	0
2014～2015 年（N）	0.142	0.710	0.398	0.694	0
2013～2014 年（S）	0.210	0.651	0.277	0.784	0
2013～2015 年（S）	0.866	0.362	0.947	0.354	0
2014～2015 年（S）	0.311	0.583	0.689	0.498	0

2.1.3 太白山南北坡年均温随海拔变化的规律性

图 2-3 为 2013～2015 年太白山年均温随海拔变化的趋势。无论南坡还是北坡，太白山气温与海拔均呈极显著的负相关，线性拟合度 R^2 均大于 0.95，表明海拔是太白山温度分布格局变化的主要地理因素。

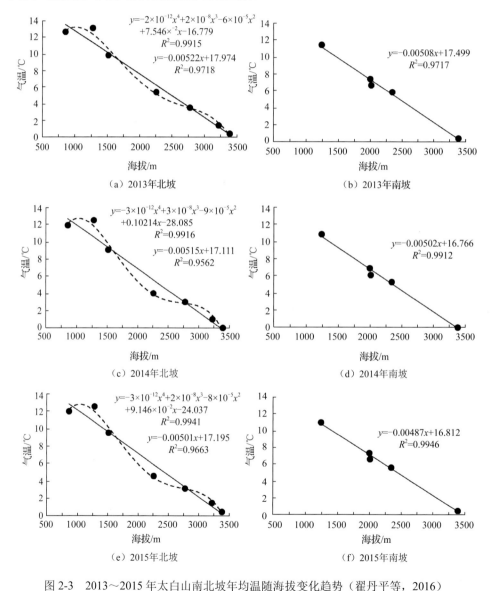

（a）2013年北坡   （b）2013年南坡

（c）2014年北坡   （d）2014年南坡

（e）2015年北坡   （f）2015年南坡

图 2-3　2013～2015 年太白山南北坡年均温随海拔变化趋势（翟丹平等，2016）

2013 年、2014 年和 2015 年南、北坡年均 γ 分别为 0.508℃/100m 和 0.522℃/

100m、0.502℃/100m 和 0.515℃/100m、0.487℃/100m 和 0.501℃/100m。γ 值均为北坡大于南坡，且经方差和标准偏差检验，年际间差异很小，因此 2013～2015 年气温直减率北坡为 0.513℃/100m，南坡为 0.499℃/100m，这可能与秦岭北坡的日照时数全年都高于南坡，且北坡气候干燥，空气湿度全年小于南坡，但风速全年均大于南坡有关（Manfred et al.，2013）。

从图 2-3 可知，北坡年均气温随海拔的变化速率表现出一定的波动性，而南坡线性拟合最优，气温直减率相对较为稳定。这可能与秦岭主峰太白山海拔较高，对南北空气的阻隔作用强有关，加之北陡南缓，使北坡低海拔区受地面辐射和高海拔区山顶受大气环流、降水、积雪等影响相对南坡明显，表现为小于 2000m 的低海拔区和高于 3300m 的山顶处 γ 偏高，而 2000～3300m 的中海拔区 γ 偏低。另外，在 850～1300m 附近存在逆温层，γ 为负值，通过对不同季节 γ 进行分析发现，冬季逆温现象最为显著。

2.1.4 太白山气温直减率的时空变化规律

1. 南北坡季气温直减率随海拔的变化规律

表 2-3 为 2013～2015 年不同季节的 γ。由表 2-3 知，γ 在年内不同时间尺度存在较大的差异，且南坡与北坡年内变化趋势表现出不一致性。在季尺度上，春季南北坡平均 γ 分别为 0.546℃/100m 和 0.572℃/100m；夏季为 0.527℃/100m 和 0.619℃/100m；秋季为 0.474℃/100m 和 0.476℃/100m；冬季为 0.449℃/100m 和 0.390℃/100m。

表 2-3 太白山南北坡不同时间尺度的气温直减率（翟丹平等，2016）（单位：℃/100m）

时间	2013 年		2014 年		2015 年	
	北坡	南坡	北坡	南坡	北坡	南坡
1 月	0.328	0.439	0.381	0.453	0.338	0.404
2 月	0.381	0.416	0.326	0.383	0.474	0.500
3 月	0.560	0.542	0.584	0.557	0.473	0.498
4 月	0.574	0.571	0.544	0.553	0.593	0.587
5 月	0.584	0.517	0.629	0.538	0.605	0.549
6 月	0.588	0.490	0.620	0.527	0.577	0.532
7 月	0.536	0.487	0.680	0.536	0.656	0.525
8 月	0.702	0.605	0.592	0.532	0.617	0.509
9 月	0.555	0.510	0.466	0.462	0.542	0.480
10 月	0.529	0.502	0.476	0.462	0.446	0.437
11 月	0.481	0.521	0.477	0.517	0.314	0.384
12 月	0.444	0.502	0.456	0.512	0.380	0.436

时间	2013 年		2014 年		2015 年	
	北坡	南坡	北坡	南坡	北坡	南坡
春季	0.573	0.544	0.586	0.549	0.557	0.545
夏季	0.609	0.527	0.631	0.532	0.616	0.522
秋季	0.521	0.511	0.473	0.477	0.434	0.434
冬季	0.384	0.452	0.388	0.449	0.397	0.447
年均	0.522	0.508	0.515	0.502	0.501	0.487

2013~2015 年，北坡 γ_{max} 为夏季，而南坡为春季；南、北坡 γ_{min} 均为冬季。Manfred 等（2013）和 Li 等（2015）的研究表明，中国大陆典型的 γ 夏季最大，冬季最小，同太白山北坡 γ 的季节变化表现出一致性，这可能与夏季辐射加热作用增强，而冬季辐射作用较弱，其形成的冷高压削弱了海拔对气温的影响程度有关。但南坡与中国大陆典型结论存在差异，其最大值为春季，一方面，1959~2015 年秦岭山地南坡春季气候呈显著性干暖化趋势（白红英，2014）；另一方面夏季南坡比北坡植被覆盖度高，在一定程度上减缓了热辐射对地表温度的影响（牟雪洁等，2012；罗红霞等，2012），即秦岭山地对我国气候的分异作用不仅表现在南北温差上，其温度变化的机理也有所差异。

在南北坡同一季节，春季和夏季 γ 均为北坡大于南坡，秋季几乎无差异，而冬季北坡小于南坡。在春季和夏季，东南季风带来的暖气流增加了空气湿度，北坡气流下沉增温的"焚风效应"使北坡 γ 大于南坡。冬季冷空气受太白山阻挡作用在北坡下部堆积，在动力抬升作用下成云致雨雪，导致坡面气温下降，而在南坡下沉增温，导致北坡 γ 小于南坡。

2. 南北坡月气温直减率随海拔的变化规律

从表 2-3 和图 2-4 太白山南北坡 1~12 月月 γ 及变化趋势可看出，南、北坡 γ 在年内各月存在显著差异，气温相对高的月份均表现出较高 γ。例如，3~9 月南、北坡 γ 均在 0.5℃/100m 以上，且南坡和北坡年内变化趋势表现出不一致性，北坡 γ 变化幅度较大，而南坡变化相对稳定，6 月、7 月和 8 月南北坡月均 γ 相差达 0.1℃ /100m。南坡 γ 在年始和年末（1~2 月，11~12 月）大于北坡，而在 5~9 月南坡小于北坡，3~4 月和 10 月为过渡阶段，南、北坡 γ 几乎相等。研究表明，每年 3~ 11 月为秦岭相对湿润期，其中 5~9 月植被生长状况良好，且南坡植被覆盖明显高于北坡（白红英，2014），即良好的植被覆盖一定程度上削弱了热辐射效应，再加上"焚风效应"，使南坡 5~8 月份直减率相对稳定且低于北坡。

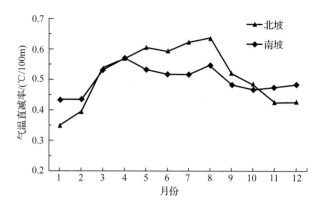

图 2-4 太白山南北坡 1～12 月气温直减率的变化（翟丹平等，2016）

2.2 秦岭山地气温时空变化规律与突变

气温是影响植被生长变化的主要因素之一，其时空变化塑造了不同的植被景观特征。对于气候变化响应研究来讲，区域气候变化特征的分析是研究植被对气候变化响应的基础，特别是近几十年来的气候特征对未来气候变化的预测及陆地生态系统预警管理具有重要意义。秦岭山地作为我国南北地理分界线，在气候、热量、植被、生态以及人文风俗等各方面都存在很明显的南北差异，在地理上它是我国南方和北方的分界，在热量带上是北亚热带和暖温带的分界，植被类型上也存在亚热带植被与暖温带植被之分（张善红等，2011），本节将秦岭山地分为南坡和北坡两个区域进行气候变化研究，以期更真实地揭示秦岭山地气候变化规律，为气候变化与植被生态系统响应研究奠定基础（翟丹平等，2016；马新萍，2015）。

2.2.1 1959～2015 年秦岭山地气温变化趋势

1. 1959～2015 年秦岭山地年均温变化趋势

在时间尺度上，1959～2015 年秦岭山地无论是北坡还是南坡气温均呈变暖趋势。从图 2-5 和图 2-6 秦岭及秦岭南北坡年均温的变化趋势可知，秦岭山地年均温、南坡和北坡年均温均呈极显著上升趋势，年均温增长率分别为 0.186℃/10a、0.178℃/10a 和 0.217℃/10a，且北坡气温上升速率高于南坡。

2. 1959～2015 年秦岭山地季均温变化趋势

从季尺度来看，1959～2015 年来秦岭山地不同季节气温增加趋势明显，但在变化幅度上存在时空差异性。图 2-7 为秦岭山地南、北坡季均温变化趋势，除夏季季均温外，其他季节均温在 1959～2015 年均呈极显著上升趋势。在春季和秋季，无论是增温倾向率还是显著性均表现出北坡高于南坡。例如，春季南、北坡气温增

温倾向率分别为 0.253℃/10a 和 0.352℃/10a，秋季南、北坡气温增温倾向率分别为
0.181℃/10a 和 0.215℃/10a；而冬季南、北坡季均温呈现出极显著的同步变暖趋势，
增温倾向率达 0.31℃/10a。即冬季南、北坡和春季北坡季均温增速更高。

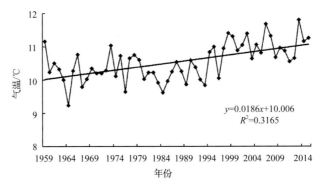

图 2-5　1959～2015 年秦岭山地年均温的变化趋势

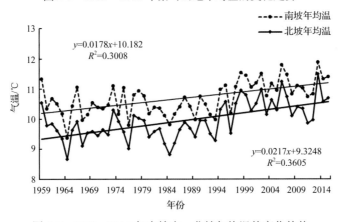

图 2-6　1959～2015 年秦岭南、北坡年均温的变化趋势

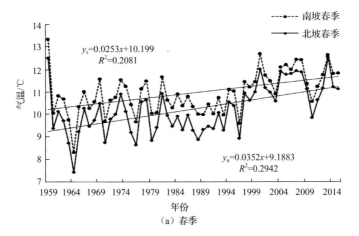

（a）春季

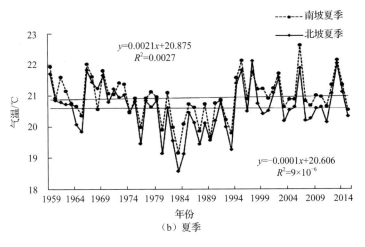

（b）夏季

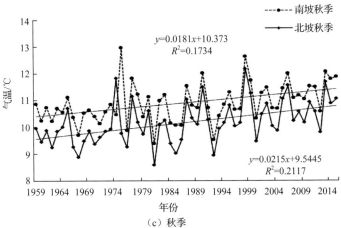

（c）秋季

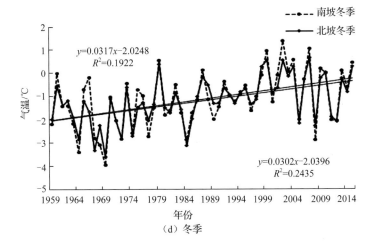

（d）冬季

图 2-7　1959～2015 年秦岭山地南、北坡季均温的变化趋势

1959～2015 年秦岭山地夏季季均温变化趋势显示，从整体来看，秦岭山地夏季气温变化不明显，北坡夏季季均温还呈现出不显著的下降趋势（-0.001℃/10a）。但是，1983 年以前夏季季均温呈极显著下降趋势，南、北坡季均温增温倾向率分别为-0.501℃/10a 和-0.577℃/10a，并且季均温在 1983 年出现 57 年中的最低值；而 1983 年以后，秦岭山地南、北坡季均温呈极显著增温趋势，1983～2015 年南、北坡季均温增温倾向率达 0.335℃/10a 和 0.295℃/10a，且 1994 年之后季均温抬升明显。即 1983 年以后，秦岭山地无论年均温还是四季季均温均呈显著上升趋势。

2.2.2 1959～2015 年秦岭山地气温突变分析

1. 1959～2015 年秦岭山地年均温突变分析

全球气温在 20 世纪 80 年代末到 90 年代发生增温性突变。为研究秦岭山地 1959～2015 年气温是否存在相似特征的突变，对南、北坡年均温进行 M-K 突变检验得图 2-8。由图可知，1959～2015 年秦岭南、北坡年均温变化趋势大致一致，均存在十分明显的增温突变点，秦岭山地南坡气温突变点为 1997 年前后，而北坡为 1994 年前后，北坡突变早于南坡 3 年左右。

由图 2-8 可知，年均温增温突变发生前后无论是增温速率还是方向均发生了变化，秦岭山地南坡，在 1959～1997 年年均温呈不显著下降趋势，1997 年开始气温逐渐上升，至 2003 年增温速率达到 $u_{0.05}=\pm 1.96(P<0.05)$ 的显著性水平；而北坡年均温在 1959～1994 年也呈不显著下降趋势，1994 年后气温开始上升，至 2000 年年均温表现为显著性增加趋势。

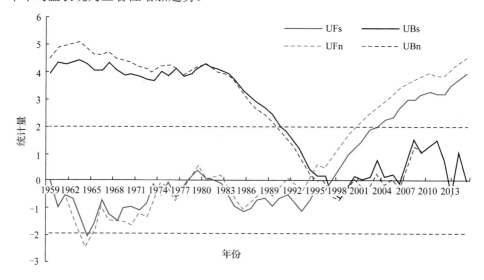

图 2-8 秦岭南、北坡年均温时间序列 M-K 突变检验

2. 1959～2015 年秦岭山地季均温突变分析

从图 2-9 秦岭山地季均温突变点检验结果可知，四季气温变化趋势和突变点发生时间存在差异，春季、秋季和冬季无论是北坡还是南坡季均温均存在明显的突变点，表现为 1959～2015 年季均温基本处于上升趋势，在突变发生后几年出现显著上升；而夏季季均温变化情况较为复杂，在 57 年里出现多个突变点，1998 年之前季均温下降多于上升，而此后北坡季均温一直在上升，南坡处于上下波动状态，但均未出现明显突变点。

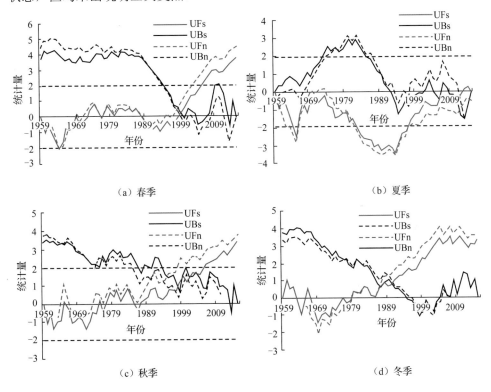

（a）春季　　　　　　　　　　　　　（b）夏季

（c）秋季　　　　　　　　　　　　　（d）冬季

图 2-9　秦岭山地南、北坡季均温时间序列 M-K 突变检验

从春季、秋季、冬季季均温突变点发生时间来看，北坡均早于南坡，且达显著增温时间也早于南坡。例如，春季北坡在 1997 年前后发生增温性突变，在 2002 年后上升趋势显著，突变后平均气温为 11.25℃，比突变前高 1.56℃；而春季南坡突变点为 1999 年，于 2005 年后呈显著增温趋势，突变后平均温度为 11.76℃，比突变前高 1.18℃，增幅小于北坡；冬季发生明显增温突变的年份早于其他季节，北坡突变在 1987 年，1994 年后增温趋势达到显著性水平，而南坡突变晚于北坡，在 1990 年发生增温突变，在 1998 年达到显著性水平，南、北坡突变后的平均气温分别高于突变前 0.81℃和 1.07℃。

由以上分析可知，在全球变暖背景下，由于秦岭山地夏季森林植被茂密、四季南坡植被覆盖率高于北坡，致使夏季季均温和南坡四季季均温上升幅度小于北坡，突变发生时间也晚于北坡，森林生态系统在应对气候变化方面表现出了良好的调节功能。

2.2.3 1959～2015 年秦岭山地气温空间变化

1. 1959～2015 年秦岭山地年均温空间变化特征

通过对 1959～2015 年秦岭山地气温栅格数据集进行计算，得到秦岭年均温倾向率，并对其进行 T 显著性检验，如图 2-10 所示。从空间上看，秦岭山地增温平均速率为 0.18℃/10a，年均温倾向率在-0.05～0.46℃/10a；北坡上升速率快于南坡，分别为 0.21℃/10a 和 0.17℃/10a。该区域增温速率以太白山、商洛市的镇安县和柞水县为中心的山地中段较快；而在陕南安康市和商洛市的商南县表现出不显著或弱显著下降趋势。经显著性分析可知，秦岭山地年均温极显著($P{\leqslant}0.01$)上升的区域占总面积的 76.9%，显著上升（$P{\leqslant}0.05$）的区域占 14.3%，弱显著和不显著上升的区域仅占 8.8%，即秦岭山地有 90%以上的地区年均温呈显著上升趋势。

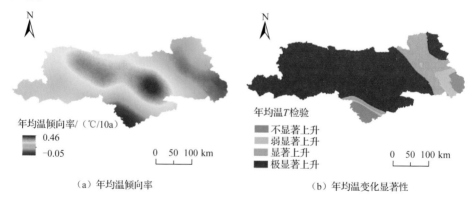

（a）年均温倾向率　　　　　　　　　　（b）年均温变化显著性

图 2-10　1959～2015 年秦岭年均温倾向率及 T 显著性检验（翟丹平等，2016）

2. 1959～2015 年秦岭山地四季气温空间变化特征

图 2-11 为 1959～2015 年秦岭四季气温倾向率及 T 显著性检验结果，可以看出，不同季节气温倾向率的分布特征存在一定的差异，除夏季外，春季、秋季、冬季三季气温几乎全区域表现为上升趋势，增温最明显的季节为春季和冬季，秋季次之。春季季均温平均上升速率为 0.25℃/10a，增温趋势呈极显著上升的区域占总面积的 87.3%，显著上升区达 9.6%；冬季平均气温倾向率为 0.27℃/10a，增温趋势达极显著性上升的区域占 84.1%，显著上升区域占 11.6%；秋季气温上升速率为 0.16℃/10a，极显著上升区域占 49.1%，显著上升区域占 20.5%。

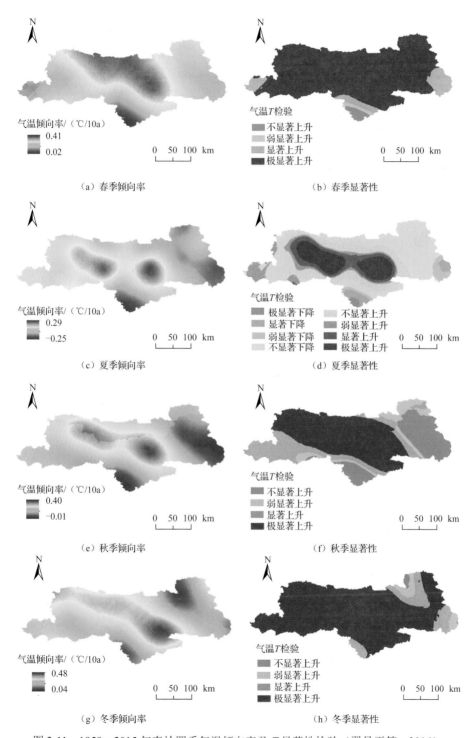

图 2-11　1959～2015 年秦岭四季气温倾向率及 *T* 显著性检验（翟丹平等，2016）

夏季秦岭山地气温变化有明显的区域差异性，气温上升区占 68.2%，其中极显著上升区占 15.3%，显著上升区占 9.8%，主要分布在太白山、陕南商洛市的镇安县和柞水县为中心的山地中段；气温下降区占 31.8%，其中极显著下降区占 0.7%，显著下降区占 3.1%，主要分布在陕南安康市最南部和商洛市的最东部，但上升区域大于下降区域。

南、北坡气温倾向率存在季节差异性，春季南、北坡气温倾向率分别为 0.22℃/10a 和 0.33℃/10a；夏季气温倾向率为 0.01℃/10a，南北坡变化均不显著；秋季南北坡气温倾向率分别为 0.15℃/10a 和 0.20℃/10a，即春秋季南坡增温速率小于北坡；而冬季南北坡气温倾向率分别为 0.29℃/10a 和 0.26℃/10a，南坡增温速率略大于北坡，由于秦岭山地的阻隔，冬季寒冷的西北风对于北坡气温增暖起到了缓冲作用，而南坡受冷空气影响较小。

2.3　1960～2015 年秦岭山地极端气温变化

近百年来，全球气候变暖毋庸置疑，20 世纪 50 年代后的气温上升更是前所未有（Alexander et al.，2013）。在气候变暖背景下，冬季变得温和，夏季更加炎热，由此导致的干旱、高温等极端气候事件的频率和强度更高、影响范围更广（王琼等，2013；翟盘茂等，2012）。极端气候事件的频发严重影响了生态环境和人类生活，成为国内外学者的重要研究方向。有研究表明，全球大部分地区极端气温的变化在 20 世纪后 50 年表现出暖夜增多、冷夜减少的特点（Alexander et al.，2006）；区域尺度上的研究表明，亚太地区（Choi et al.，2009）、欧洲（Tank et al.，2003）和美国（Easterling et al.，2000）等地区极端气温的变化表现为极端高温日数增加和极端低温日数减少。我国极端气温变化的研究也卓有成效。例如，周雅清等（2010）对我国大陆极端气温变化分析后得到，我国最高气温和最低气温整体呈上升趋势，但是北方更为显著；翟盘茂等（2003）研究指出，除华北南部外，1951～1999 年我国其他北方地区表现出明显的暖昼增多，冷夜减少。另外，针对我国不同地形（赵安周等，2016；赵培培等，2015；杜军等，2013；王琼等，2013；申红艳等，2012）和不同地区（杨晓静等，2016；李双双等，2015；白美兰等，2014）的极端气温变化研究表明，极端气温变化存在一定区域差异性（刘宪锋等，2015），特别是高海拔地区更为复杂。

本节在对比秦岭南北坡气温空间分布的基础上，使用统一的极端气温指数，研究秦岭极端气温的空间变化特征、南北坡极端气温变化的空间差异及与海拔间的关系，旨在为生态环境保护和灾害事件预警提供科学依据。

2.3.1　数据源与方法

1. 数据源

气象数据源为陕西省气象局和中国气象资料网（http://data.cma.cn/），包括 1960～2015 年秦岭北坡和南坡共 32 个气象站点的气温日值数据，并进行了极值检验、一致性检验和缺测数据插补等方面的质量控制。DEM 的空间分辨率为 25m×25m，来源于国家测绘地理信息局。

2. 研究方法

国内外极端气温的研究中，常使用第 90 个和第 10 个百分位值作为极端气温的阈值。日最高气温超过第 90 个百分位值即定义为极端高温，日最低气温低于第 10 个百分位值即定义为极端低温（赵安周等，2016；白红英，2014；郑景云等，2014），极端高温和极端低温背景下的极端天气、气候事件统称为极端气温事件。在此基础上，世界气象组织气候委员会确定了 16 个极端气温指数（周晓宇等，2015），用来评价极端气温频率、强度和持续时间三个方面的变化（白美兰等，2014），并通过 RClimDex（Alexander et al.，2006）软件计算得到，各指数定义见表 2-4。

表 2-4　极端气温指数定义

指数	缩写	定义
夏季日数/d	SU	日最高气温高于 25℃的天数
冰冻日数/d	ID	日最高气温低于 0℃的天数
热夜日数/d	TR	日最低气温高于 20℃的天数
霜冻日数/d	FD	日最低气温低于 0℃的天数
日最高气温极高值/℃	TXx	年内日最高气温最大值
日最高气温极低值/℃	TXn	年内日最高气温最小值
日最低气温极高值/℃	TNx	年内日最低气温最大值
日最低气温极低值/℃	TNn	年内日最低气温最小值
冷昼日数/d	TX10p	日最高气温低于 1960～2015 年第 10 个分位数的天数
冷夜日数/d	TN10p	日最低气温低于 1960～2015 年第 10 个分位数的天数
暖昼日数/d	TX90p	日最高气温高于 1960～2015 年第 90 个分位数的天数
暖夜日数/d	TN90p	日最低气温高于 1960～2015 年第 90 个分位数的天数
暖持续日数/d	WSDI	日最高气温高于 1960～2015 年第 90 个分位数连续 6d 的天数
冷持续日数/d	CSDI	日最低气温低于 1960～2015 年第 10 个分位数连续 6d 的天数
生物生长季/d	GSL	平均气温连续 6d 高于 5℃的日数
气温日较差/℃	DTR	日最高气温与最低气温的差值

使用 ArcGIS 10.2 中的克里金插值法对各站点的气温和极端气温指数进行插

值，分析秦岭山地极端气温的空间变化。根据本章 2.1 节秦岭南北坡气温的垂直递减率（翟丹平等，2016）所得结果（北坡 0.513℃/100m，南坡 0.499℃/100m），将站点气温修订到海平面，使用克里金插值法对各站点的气温进行插值，再叠加 DEM 得到秦岭山地栅格气温数据集；极端气温指数直接使用克里金插值法进行插值。

本章将秦岭划分为高（<1500m）、中（1500～2600m）和低（>2600m）三个海拔区域，其中海拔高程低于 1500m 的为落叶阔叶林和常绿阔叶林，海拔高程位于 1500m 至 2600m 之间的为针阔叶混交林，海拔高程高于 2600m 的为针叶林、灌丛和草甸区。秦岭南北坡及不同海拔的气温和极端气温指数通过 ArcGIS10.2 中的掩膜提取和重分类方法实现；采用一元线性回归法计算各极端气温指数的变化率，并对各站点指数的变化进行显著性检验（刘荣娟，2016）；极端气温指数与其他空间要素的相关性分析通过 SPSS 分析得到。

2.3.2 1960～2015 年秦岭山地极端气温变化特征

1. 1960～2015 年秦岭山地极端气温频率变化

夏季日数、冰冻日数、热夜日数、霜冻日数、暖（冷）昼日数和暖（冷）夜日数等 8 个极端气温指数常用来反映极端气温频率的变化，图 2-12 为 1960～2015 年秦岭极端气温频率指数变化的空间分布。其中夏季日数在研究区内以 3.91d/10a 的速度显著上升，变化范围为 1.64～10.32d/10a，上升趋势最明显的区域位于镇安县和柞水县；秦岭热夜日数的变化率为 1.89d/10a，研究区 97.66%的区域热夜日数表现为暖昼日数和暖夜日数的空间变化具有相同特点，即研究区范围内均呈不同程度的上升趋势，变化率分别为 2.59d/10a 和 2.24d/10a，变化范围分别为 0.45～4.35d/10a 和 0.04～4.67d/10a，暖昼日数变化率的高值区位于镇安县，暖夜日数变化率的高值区位于户县、周至县和佛坪县。即秦岭极端气温暖指数整体上表现为上升趋势（张扬等，2018）。

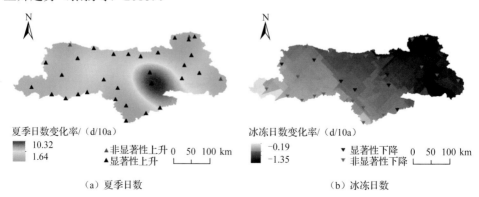

(a) 夏季日数   (b) 冰冻日数

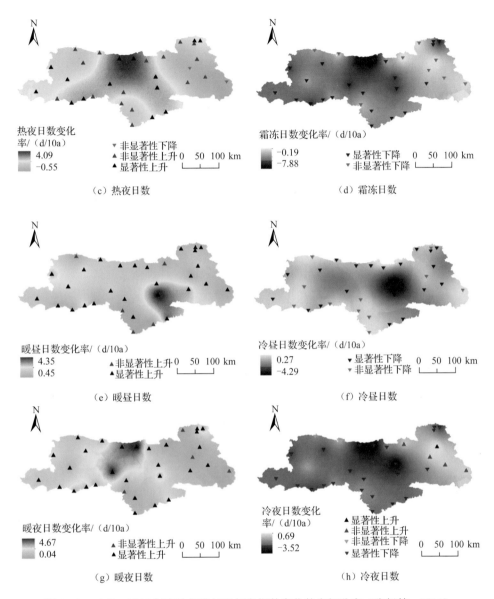

图 2-12　1960～2015 年秦岭极端气温频率指数变化的空间分布（张扬等，2018）

　　冰冻日数和霜冻日数均表现出不同程度的下降趋势，变化率分别为-0.70d/10a
和-3.01d/10a，其中冰冻日数的变化范围为-1.35～-0.19d/10a，下降趋势最明显的
区域为华山，霜冻日数的变化范围为-7.88～-0.19d/10a，下降趋势最明显的区域
是户县和周至县；秦岭冷昼日数和冷夜日数的变化率分别为-1.79d/10a 和
-2.05d/10a，研究区内呈下降趋势的区域分别达到 99.88%和 90.52%，其中冷昼日
数下降最明显的区域位于柞水县和镇安县，下降速率达到-4.29d/10a，冷夜日数下

降最明显的区域位于柞水县、户县和周至县，下降速率达到-3.52d/10a。即秦岭极端气温冷指数整体表现为下降趋势。以上结果表明，1960～2015年秦岭极端气温的频率呈增暖趋势（张扬等，2018）。

2. 1960～2015年秦岭山地极端气温强度变化

日最高气温极大（小）值、日最低气温极大（小）值和气温日较差等5个极端气温指数常用来反映极端气温强度的变化，图2-13为1960～2015年秦岭极端气温强度指数变化的空间分布。秦岭日最高气温极大（小）值、日最低气温极大（小）值和气温日较差分别以0.14(0.38)℃/10a、0.06(0.11)℃/10a和0.08℃/10a的速度上升，表现为上升趋势的区域比例分别为92.34%(99.99%)、68.37%(72.20%)和84.02%，其中日最高气温极大（小）值的变化率最大值为0.75℃/10a(1.06℃/10a)，日最低气温极大（小）值的变化率最大值为0.41℃/10a(0.51℃/10a)，气温日较差的变化率最大值为0.54℃/10a。日最高气温极大值、日最高气温极小值和气温日较差的变化率高值中心均位于镇安县和柞水县；日最低气温极小值的变化率高值中心位于户县和周至县；日最低气温极大值出现多个变化率高值中心，分别为佛坪县、城固县、户县等。以上结果表明，1960～2015年秦岭极端气温的强度呈增强趋势（张扬等，2018）。

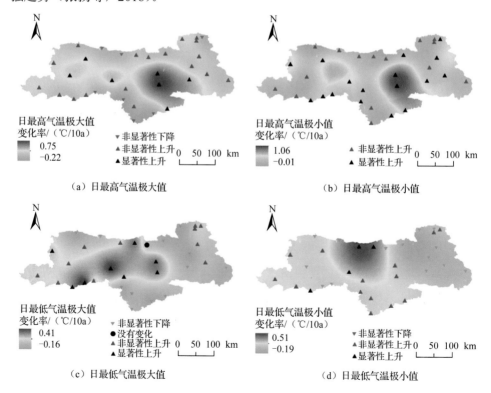

（a）日最高气温极大值　（b）日最高气温极小值

（c）日最低气温极大值　（d）日最低气温极小值

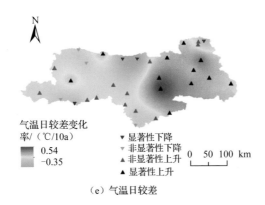

（e）气温日较差

图 2-13　1960～2015 年秦岭极端气温强度指数变化的空间分布（张扬等，2018）

3. 1960～2015 年秦岭山地极端气温持续时间变化

暖持续日数、冷持续日数和生物生长季这 3 个极端气温指数常用来反映极端气温持续时间的变化，图 2-14 为 1960～2015 年秦岭极端气温持续性指数变化的

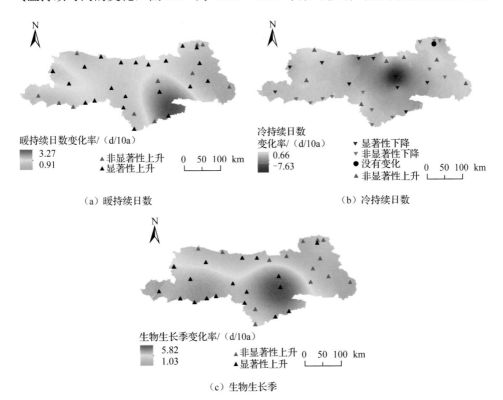

图 2-14　1960～2015 年秦岭极端气温持续性指数变化的空间分布（张扬等，2018）

空间分布。1960～2015 年秦岭的暖持续日数和生物生长季表现为不同速度的上升趋势，变化率分别为 1.29d/10a 和 3.15d/10a，变化范围分别为 0.91～3.27d/10a 和 1.03～5.82d/10a，暖持续日数变化率的高值中心位于旬阳县和镇安县，生物生长季上升最明显的区域位于镇安县和柞水县；冷持续日数整体呈下降趋势，下降速率为-0.45d/10a，表现为下降趋势的区域比例为 93.93%，下降速率最大值为 -7.63d/10a，柞水县为冷持续日数下降的极值中心。以上结果表明，1960～2015 年秦岭极端气温暖持续日数和生物生长季的持续时间呈增加趋势，而冷持续日数在减少（张扬等，2018）。

综上所述，1960～2015 年秦岭极端气温无论是频率、强度，还是持续时间，均表现为上升趋势。秦岭各极端气温指数变化的空间差异性明显，其中夏季日数、暖昼日数、冷昼日数、日最高气温极大（小）值、暖持续日数、冷持续日数、生物生长季和气温日较差变化最明显的区域位于秦岭南坡的镇安县和柞水县；热夜日数、暖夜日数、霜冻日数、冷夜日数和日最低气温极大（小）值变化最明显的区域位于秦岭北坡的周至县和户县。因此，秦岭极端气温变化的敏感区域主要位于南坡的镇安县、柞水县和北坡的周至县、户县。有研究发现，城市化程度、厄尔尼诺-南方涛动（El Niño-Southern Oscillation，ENSO）（贾艳青等，2017）、植被覆盖变化、土地利用变化（Wu et al.，2011）、大气环流（You et al.，2011）、温室气体排放（Zhao et al.，2002）等均是影响极端气温变化的重要因素。

2.3.3 秦岭山地极端气温变化的空间差异性

1. 秦岭南北坡极端气温的变化差异

表 2-5 为 1960～2015 年秦岭南北坡极端气温指数的年际变化率，可以发现相同极端气温指数在秦岭南北坡的变化趋势具有一致性，整体表现为暖指数上升和冷指数下降，但是相同指数在秦岭北坡和南坡的变化率也存在差异，其中夏季日数、日最高气温极大（小）值、日最低气温极大值、暖（冷）昼日数、暖持续日数、生物生长季和气温日较差的变化率表现出南坡高于北坡的特点，而其他指数呈相反的特点。结果表明，1960～2015 年秦岭南北坡极端气温频率指数呈北坡快于南坡的特点，极端气温强度指数和持续性指数呈南坡快于北坡的特点。秦岭南北坡气温日较差的变化差异最为明显，南坡气温日较差的变化率为北坡的 7 倍。除此之外，秦岭南北坡的昼夜指数呈相反的变化特征，其中南坡昼快夜慢，北坡昼慢夜快，说明秦岭北坡的增温主要发生在夜间，南坡的增温主要发生在白昼（张扬等，2018；贾艳青等，2017；Wu et al.，2011）。

表 2-5　1960～2015 年秦岭南北坡极端气温指数的年际变化率

秦岭南北坡	SU/ (d/10a)	ID/ (d/10a)	TR/ (d/10a)	FD/ (d/10a)	TXx/ (℃/10a)	TXn/ (℃/10a)	TNx/ (℃/10a)	TNn/ (℃/10a)
北坡	3.76**	**-0.91***	**2.24***	-3.39**	0.13	0.33	0.06	**0.18**
南坡	**4.44***	-0.72**	1.64**	-2.90**	**0.24**	**0.46***	**0.08**	0.08

秦岭南北坡	TX10p/ (d/10a)	TX90p/ (d/10a)	TN10p/ (d/10a)	TN90p/ (d/10a)	WSDI/ (d/10a)	CSDI/ (d/10a)	DTR/ (℃/10a)	GSL/ (d/10a)
北坡	-1.16**	1.54**	**-1.39***	**1.87***	1.88**	-0.74	0.02	2.64
南坡	**-1.22***	**1.83***	-1.04*	1.41**	**1.93***	-0.70*	**0.14**	**3.73***

注：通过 0.01 和 0.05 显著性检验分别以**和*表示；各气温指数的含义见表 2-4；加粗数字表示同一指数的变化率较大。

综上所述，1960～2015 年秦岭北坡极端气温频率的变化更明显，秦岭南坡极端气温强度和持续时间的变化更明显，且北坡以夜间增温为主，南坡以日间增温为主。有研究表明，城市化对极端气温的变化存在影响，尤其对夜指数和低温存在显著的正相关（Griffiths et al.，2010；Zhao et al.，2002）；而高温和昼指数的上升主要是气候变化本身引起的（周雅清等，2014）。秦岭北坡受城市化影响大，南坡受人为影响程度相对较小，因此城市化导致秦岭北坡极端气温的变化表现为昼慢夜快，而南坡表现为昼快夜慢的原因是气候变化本身所致。

2. 秦岭南北坡极端气温变化在海拔上的差异性

1960～2015 年秦岭极端气温指数变化率和海拔高程的相关性分析如表 2-6 所示。其中，冰冻日数、热夜日数、冷昼日数与海拔高程呈显著负相关，日最高气温极大值、暖昼日数、生物生长季与海拔高程呈显著正相关，表明秦岭极端气温的变暖速率随海拔升高而增大。海拔高程每上升 100m，冰冻日数、热夜日数和冷昼日数的变化率分别减小 0.17d/10a、0.14d/10a 和 0.04d/10a，日最高气温极大值、暖昼日数和生物生长季的变化率分别增加 0.02℃/10a、0.06d/10a 和 0.2d/10a。

表 2-6　秦岭极端气温指数变化率与海拔高程的相关性

气温指数	SU/ (d/10a)	ID/ (d/10a)	TR/ (d/10a)	FD/ (d/10a)	TXx/ (℃/10a)	TXn/ (℃/10a)	TNx/ (℃/10a)	TNn/ (℃/10a)
海拔高程	-0.07	-0.71**	-0.38*	-0.04	0.37*	0.1	0.17	0.07

气温指数	TX10p/ (d/10a)	TX90p/ (d/10a)	TN10p/ (d/10a)	TN90p/ (d/10a)	WSDI/ (d/10a)	CSDI/ (d/10a)	DTR/ (℃/10a)	GSL/ (d/10a)
海拔高程	-0.36*	0.45**	0.02	0.04	0.01	-0.03	0.1	0.55**

注：通过 0.01 和 0.05 显著性检验分别以**和*表示；各气温指数的含义见表 2-4。

表 2-7 为秦岭不同海拔区域的极端气温指数变化率。各指数的变化特点有所差别，其中冰冻日数和气温日较差的变化在低海拔区域（<1500m）最明显，日最高气温极大值、暖持续日数、冷持续日数和生物生长季的变化在中海拔区域（1500～2600m）最明显，其他指数的变化在高海拔区域（>2600m）最明显。整体上，秦岭绝大多数极端气温指数的变化在高海拔区域最明显。结果表明，1960～2015 年秦岭高海拔区域极端气温频率和强度的变化最明显，中海拔区域极端气温持续时间的变化最明显。

表 2-7　秦岭不同海拔区域的极端气温指数变化率

海拔/m	SU/ (d/10a)	ID/ (d/10a)	TR/ (d/10a)	FD/ (d/10a)	TXx/ (℃/10a)	TXn/ (℃/10a)	TNx/ (℃/10a)	TNn/ (℃/10a)
<1500	4.31**	-0.78*	1.67**	-2.85**	0.20	0.43**	0.06	0.08
1500～2600	4.25*	-0.69*	2.05	-3.46**	0.25	0.45	0.12	0.16
>2600	4.76**	-0.67**	2.07*	-3.49**	0.21	0.58**	0.13	0.24

海拔/m	TX10p/ (d/10a)	TX90p/ (d/10a)	TN10p/ (d/10a)	TN90p/ (d/10a)	WSDI/ (d/10a)	CSDI/ (d/10a)	DTR/ (℃/10a)	GSL/ (d/10a)
<1500	-1.17**	1.75**	-1.01**	1.40**	1.91**	-0.68**	0.13	3.49**
1500～2600	-1.32**	1.82**	-1.41**	1.81**	1.96**	-0.80	0.06	3.56**
>2600	-1.59**	1.85**	-1.46**	2.14**	1.86	-0.54*	0.02	3.17**

注：通过 0.01 和 0.05 显著性检验分别以**和*表示；各气温指数的含义见表 2-4。

2.4　1959～2015 年秦岭山地降水时空变化

2.4.1　1959～2015 年秦岭山地不同尺度降水变化

1. 1959～2015 年秦岭山地不同尺度降水变化

1）年均降水量变化

1959～2015 年秦岭南北坡年降水量均表现出不显著的减少趋势，且北坡年降水量减少的程度大于南坡，北坡年降水量的变化率为-7.26mm/10a，南坡降水量的变化率为-5.51mm/10a，见图 2-15。

2）季均降水量变化

季尺度上，北坡春季、夏季、秋季、冬季的季降水变化率分别为-6.085mm/10a、6.397mm/10a、-2.177mm/10a、0.635mm/10a；南坡四季季降水变化率分别为-1.601mm/10a、0.25mm/10a、-4.166mm/10a、0.09/10a。即无论是北坡还是南坡，1959～2015 年春季和秋季降水均呈现减少趋势，且春季北坡降水减少趋势远大于南坡；而夏季和冬季则表现为增加趋势，且冬季北坡降水增多趋势高于南坡，见图 2-16。

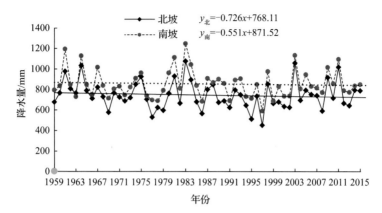

图 2-15　1959～2015 年秦岭山地年降水量变化

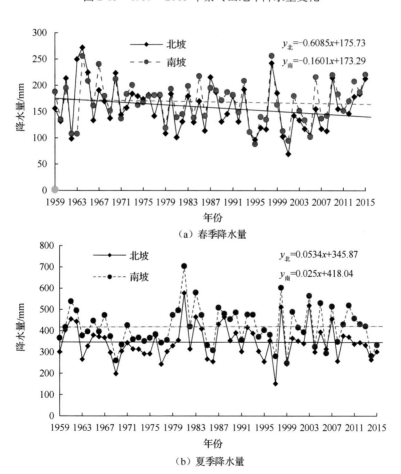

（a）春季降水量

（b）夏季降水量

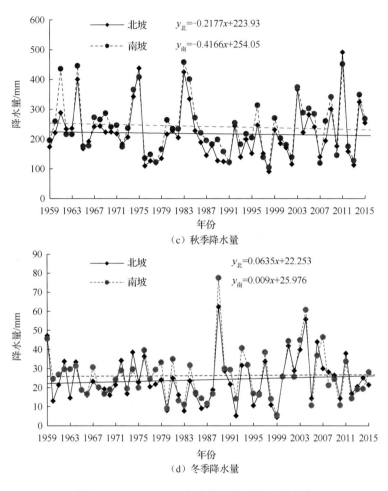

（c）秋季降水量

（d）冬季降水量

图 2-16　1959～2015 年秦岭山地季降水量变化

2. 1959～2015 年降水量突变分析

图 2-17 为秦岭山地南北坡不同季节降水变化及其突变检验，可以看出 1959～
2015 年秦岭北坡无论是年降水量还是季降水量均有明显的突变点，而南坡年降水
和季降水变化序列均有多个突变点，即南坡降水突变不显著。北坡年降水于 1967
年发生减少突变，在 2015 年发生增多突变，且在 1996～2006 年呈显著性减少趋
势；北坡春季在 1975 年发生降水减少突变，且在 2001～2013 年呈显著性减少趋
势，而秋季于 1973 年发生减少突变，在 1996～2005 呈显著性减少趋势，于 2013
年发生增多突变。

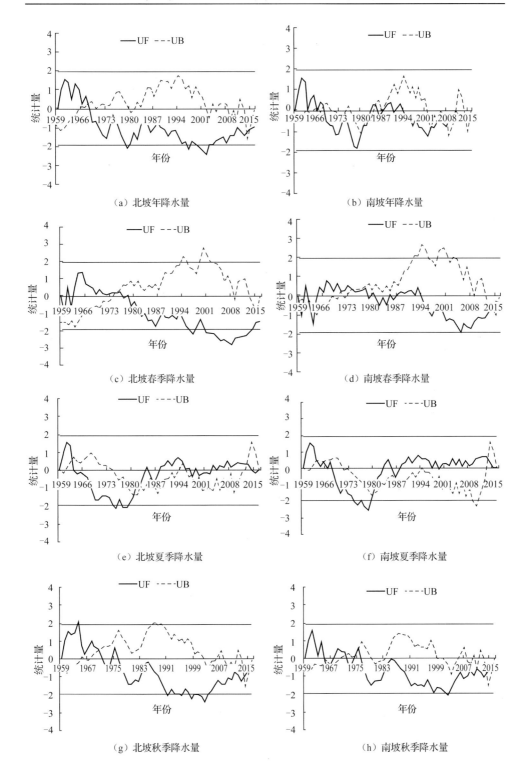

（a）北坡年降水量

（b）南坡年降水量

（c）北坡春季降水量

（d）南坡春季降水量

（e）北坡夏季降水量

（f）南坡夏季降水量

（g）北坡秋季降水量

（h）南坡秋季降水量

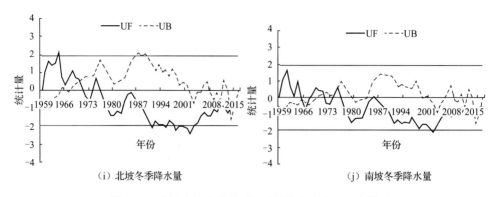

（i）北坡冬季降水量　　　　　　　（j）南坡冬季降水量

图 2-17　秦岭山地南北坡不同季节降水变化及突变检验

2.4.2　1959～2015 年秦岭山地不同尺度降水空间变化

1. 秦岭山地年降水的空间变化特征

图 2-18 为 1959～2015 年秦岭山地年均降水量倾向率的空间分布，可以看出 1959～2015 年秦岭山地年均降水量倾向率在-3.01～0.83mm/10a，均未通过显著性检验；降水变化呈上升趋势的地区分布在略阳县、石泉县和商南县等地，平均海拔约 811m；降水变化呈下降趋势所占比例较大，平均海拔约 1177m。

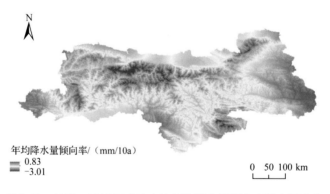

图 2-18　1959～2015 年秦岭山地年均降水量倾向率的空间分布

2. 秦岭山地季降水的空间变化特征

图 2-19 为 1959～2015 年秦岭山地季均降水量倾向率的空间分布，可以看出，57 年里季均降水量无论是倾向率还是变化幅度均存在明显的空间差异性。春季、夏季、秋季和冬季倾向率分别在-0.73～0.65mm、-2.73～2.50mm、-2.13～3.69mm 和-0.20～1.02mm，均未通过显著性检验。

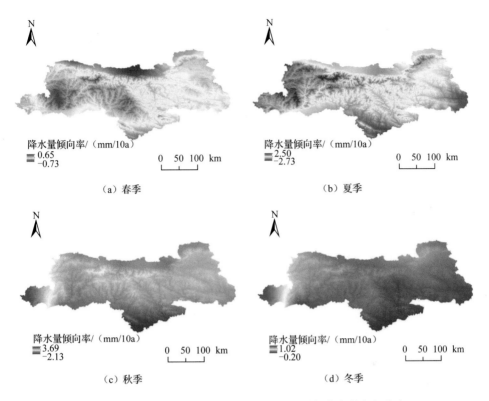

图 2-19　1959～2015 年秦岭地区季均降水量倾向率的空间分布

2.5　本 章 小 结

（1）秦岭太白山气温直减率 γ 存在时空差异，年均 γ 北坡为 0.513℃/100m，南坡为 0.499℃/100m，季均与月均 γ 差异明显。

2013～2015 年太白山年均 γ 北坡均大于南坡，北坡年均 γ 随海拔变化表现出一定的波动性，而南坡相对稳定。在季尺度上，北坡 γ 最大值为夏季，为 0.619℃/100m，而南坡最大值出现在春季，为 0.546℃/100m，最小值均为冬季，南北坡分别为 0.449℃/100m 和 0.390℃/100m；春季和夏季，北坡 γ 均大于南坡，而冬季相反，北坡小于南坡，秋季几乎无差异。在月尺度上，气温相对高的月份 γ 也较高，且南北坡 γ 相差较大，5～9 月北坡大于南坡；而年始和年末（1～2 月、11～12 月）北坡 γ 小于南坡。

（2）1959～2015 年秦岭山地无论是北坡还是南坡气温均呈变暖趋势，达显著性水平的像元约占 91.2%，北坡气温上升速率大于南坡，增温突变发生存在时空差异。

1959～2015 年秦岭山地年均温呈显著上升趋势，年均温倾向率在-0.05℃/10a～0.46℃/10a，呈极显著上升的区域占总面积的 76.9%，显著上升的区域占 14.3%，以太白山、商洛市的镇安县和柞水县为中心的山地中段最为显著，而在安康市和商洛市的商南县表现出不显著或弱显著下降趋势。北坡和南坡年均温平均上升速率为 0.217℃/10a 和 0.178℃/10a，突变年份为 1994 年和 1997 年。

从季尺度来看，秦岭山地春季、秋季和冬季气温呈显著上升趋势。春季南、北坡气温倾向率分别为 0.22℃/10a 和 0.33℃/10a，达显著性水平区域占 96.9%；冬季南、北坡气温倾向率为 0.29℃/10a 和 0.26℃/10a，显著性增温区域占 95.7%；秋季达显著性水平区域占 69.6%，南、北坡分别为 0.15℃/10 和 0.20℃/10a。夏季秦岭山地整体气温变化不显著，但有 25.1%的区域呈显著性增温。南、北坡增温突变，春季发生于 1999 年和 1997 年，冬季发生于 1990 年和 1987 年，而秋季在20 世纪 90 年代前后有多个突变点。

（3）秦岭山地极端气温的频率、强度和持续时间均表现呈上升趋势，极端气温暖指数整体上表现为上升趋势，而冷指数整体上表现为下降趋势。

1960～2015 年秦岭极端气温的频率呈增暖趋势，夏季日数、热夜日数、暖昼日数和暖夜日数整体上表现为上升趋势；而冰冻日数、霜冻日数、冷昼日数和冷夜日数整体上表现为下降趋势。秦岭极端气温的强度呈增强趋势，日最高气温极大（小）值、日最低气温极大（小）值和气温日较差分别以 0.14(0.38)℃/10a、0.06(0.11)℃/10a 和 0.08℃/10a 的速度上升，比例分别为 92.34%(99.99%)、68.37%(72.20%)和 84.02%。秦岭极端气温暖持续日数和生物生长季的持续时间呈增加趋势，而冷持续日数在减少，暖持续日数和生物生长季变化速率分别为 0.91～3.27d/10a 和 1.03～5.82d/10a，而冷持续日数表现为下降趋势的区域达 93.93%。

（4）1959～2015 年秦岭南北坡年降水量、春季和秋季降水量均表现出不显著的减少趋势，而夏季和冬季则表现为增加趋势，北坡突变点显著，而南坡突变不明显。

1959～2015 年，秦岭南北坡年降水量均表现出不显著的减少趋势，且北坡年降水量减少的程度大于南坡；无论是北坡还是南坡，春季和秋季降水量均呈现减少趋势，且春季北坡减少趋势远大于南坡，夏季和冬季则表现为增加趋势，且冬季北坡降水量增多趋势高于南坡。北坡，年降水量于 1967 年发生减少突变，春季在 1975 年发生降水量减少突变，秋季于 1973 年发生减少突变。年均和季均降水量无论是倾向率还是变化幅度均存在明显的空间差异，但均未达显著性水平。

参 考 文 献

白红英, 马新萍, 高翔, 等, 2012. 基于 DEM 的秦岭山地 1 月气温及 0℃等温线变化[J]. 地理学报, 67(11): 1443-1450.

白红英, 2014. 秦巴山区森林植被对环境变化的响应[M]. 北京: 科学出版社.

白美兰, 郝润全, 李喜仓, 等, 2014. 1961～2010 年内蒙古地区极端气候事件变化特征[J]. 干旱气象, 32(2): 189-193.

杜军, 路亚红, 建军, 2013. 1961～2010 西藏极端气温事件的时空变化[J]. 地理学报, 68(9): 1269-1280.

方精云, 1992. 我国气温直减率分布规律的研究[J]. 科学通报, 37(9): 817-820.

傅抱璞, 李元兆, 1983. 秦岭山地的气候特点[J]. 陕西气象, 11(1): 1-11.

傅抱璞, 虞静明, 李兆元, 1982. 秦岭太白山夏季的小气候特点[J]. 地理学报, 37(1), 88-97.

贾艳青, 张勃, 张耀宗, 等, 2017. 长江三角洲地区极端气温事件变化特征及其与 ENSO 的关系[J]. 生态学报, 37(19): 6402-6414.

李双双, 杨赛霓, 2015. 1960～2014 年北京极端气温事件变化特征[J]. 地理科学, 35(12): 1640-1647.

刘荣娟, 2016. 气候变化背景下秦岭太白红杉的时空响应[D]. 西安: 西北大学.

刘宪锋, 潘耀忠, 朱秀芳, 等, 2015. 2000～2014 年秦巴山区植被覆盖时空变化特征及其归因[J]. 地理学报, 70(5): 705-716.

罗红霞, 邵景安, 张雪清, 2012. 基于辐射传输方程的三峡库区腹地地表温度的遥感反演[J]. 资源科学, 34(2): 256-264.

马新萍, 白红英, 贺映娜, 等, 2015. 基于 NDVI 的秦岭山地植被遥感物候及其气温的响应关系[J]. 地理科学, 35(12): 1616-1621.

马新萍, 2015. 秦岭林线及其对气候变化的响应[D]. 西安: 西北大学.

莫申国, 张百平, 2007. 基于 DEM 的秦岭温度场仿真[J]. 山地学报, 25(4): 406-411.

牟雪洁, 赵昕奕, 2012. 珠三角地区地表温度与土地利用类型的关系[J]. 地理研究, 31(9): 1589-1597.

秦进, 白红英, 李书恒, 等, 2016. 太白山南北坡高山林线太白红杉对气候变化的响应差异[J]. 生态学报, 36(17): 5333-5342.

任毅, 刘明时, 田联会, 等, 2006. 太白山自然保护区生物多样性研究与管理[M]. 北京:中国林业出版社: 17-22.

申红艳, 马明亮, 王冀, 等, 2012. 青海省极端气温事件的气候变化特征研究[J]. 冰川冻土, 34(6): 1371-1379.

王琼, 张明军, 王圣杰, 等, 2013. 1962～2011 年长江流域极端气温事件分析[J]. 地理学报, 68(5): 611-625.

翁笃鸣, 孙治安, 1984. 我国山地气温直减率的初步研究[J]. 地理研究, 3(2): 24-34.

谢伟, 2012. 大秦岭——中国国家中央公园[M]. 西安: 陕西旅游出版社.

杨晓静, 徐宗学, 左德鹏, 等, 2016. 云南省 1958～2013 年极端气温时空变化特征分析[J]. 长江流域资源与环境, 25(3): 523-536.

翟丹平, 白红英, 秦进, 等, 2016. 秦岭太白山气温直减率时空差异性研究[J]. 地理学报, 71(9): 1587-1595.

翟丹平, 2017. 秦岭山地气温直减率时空差异及气温变化趋势[D]. 西安: 西北大学.

翟盘茂, 刘静, 2012. 气候变暖背景下的极端天气气候事件与防灾减灾[J]. 中国工程科学, 14(9): 55-63.

翟盘茂, 潘晓华, 2003. 中国北方近 50 年温度和降水极端事件变化[J]. 地理学报, 58(增): 1-9.

张善红, 白红英, 高翔, 等, 2011. 太白山植被指数时空变化及其对区域温度的响应[J]. 自然资源学报, 26(8): 1377-1386.

张扬, 白红英, 黄晓月, 等, 2018. 近 55a 秦岭山区极端气温变化及其对区域变暖的影响[J]. 山地学报, 36(1): 13-23.

张扬, 2018. 近 56a 秦岭极端气温时空变化及其对植被覆盖的影响[D]. 西安: 西北大学.

赵安home, 刘宪锋, 朱秀芳, 等, 2016. 1965～2013 年黄土高原地区极端气温趋势变化及空间差异[J]. 地理研究, 35(4): 639-652.

赵培培, 张明军, 王圣杰, 等, 2015. 1960～2012 年中国天山山区极端气温的变化特征[J]. 水土保持研究, 22(6): 190-197.

周雅清, 任国玉, 2010. 中国大陆 1956～2008 年极端气温时间变化特征分析[J]. 气候与环境研究, 15(4): 405-417.

郑景云, 郝志新, 方修琦, 等, 2014. 中国过去 2000 年极端气候事件变化的若干特征[J]. 地理科学进展, 33(1): 3-12.

中国气象局, 2016. 中国气候公报[M]. 北京: 中国气象局.

周雅清, 任国玉, 2014. 城市化对华北地区极端气温事件频率的影响[J]. 高原气象, 33(6): 1589-1598.

周晓宇, 赵春雨, 王颖, 等, 2015. 1961～2012 年辽宁省极端气温事件气候变化特征[J]. 冰川冻土, 37(4): 876-887.

IPCC 2013. Approved Summary for Policymakers[R]//ALEXANDER L, ALLEN S, BINDOFF N L et al. Climate Change 2013: The Physical Science Basis Summary for Policymakers. Contribution of Working Group I to the Fifth

Assessment Report of the Intergovernmental Panel on Climate Change. Cambridge: Cambridge University Press.

ALEXANDER L, ALLEN S, BINDOFF N L, 2013. Climate Change 2013: the physical science basis-summary for policymakers[J]. Intergovernmental Panel on Climate Change, 27(9): 1-6.

ALEXANDER L V, ZHANG X, PETERSON T C, et al., 2006. Global observed changes in daily climate extremes of temperature and precipitation[J]. Journal of Geophysical Research: Atmospheres, 111(D5): 1042-1063.

CHOI G, COLLINS D, REN G Y, et al., 2009. Changes in means and extreme events of temperature and precipitation in the Asia-Pacific Network Region, 1955~2007[J]. International Journal of Climatology, 29(13): 1906-1925.

EASTERLING D R, MEEHL G A, PARMESAN C, et al., 2000. Climate extremes: observations, modeling and impacts[J]. Science, 289(5487): 2068-2074.

GRIFFITHS G M, CHAMBERS L E, HAYLOCK M R, et al., 2010. Change in mean temperature as a predictor of extreme temperature change in the Asia-Pacific region[J]. International Journal of Climatology, 25(10): 1301-1330.

GRUZA G, RANKOVA E, RAZUVAEV V, et al., 1999. Indicators of Climate Change for the Russian Federation[J]. Climatic Change, 42(1): 219-242.

LI X P, WANG L, CHEN DELIANG et al., 2013. Near-surface air temperature lapse rates in the mainland China during 1962~2011[J]. Journal of Geophysical Research: Atmospheres, 14(118): 7505-7515.

LI Y, ZENG Z Z, ZHAO L, et al., 2015. Spatial patterns of climatological temperature lapse rate in mainland China: A multi-time scale investigation[J]. Journal of Geophysical Research: Atmospheres, 120(7): 2661-2675.

MANFRED K, THERESA F K, GERT J, et al., 2013. Altitudinal temperature lapse rates in an alpine valley: Trends and the influence of season and weather patterns[J]. International Journal of Climatology, 33(3): 539-555.

MINDER J R, MOTE P W, LUNDQUIST J D, 2010. Surface temperature lapse rates over complex terrain: Lessons from the Cascade Mountains[J]. Journal of Geophysical Research, 115(D14): 1307-1314.

TANG Z Y, FANG J Y, 2006. Temperature variation along the northern and southern slopes of Mt. Taibai, China[J]. Agricultural and Forest Meteorology, 139(3): 200-207.

TANK A, KONNEN G P, 2003. Trends in indices of daily temperature and precipitation extremes in Europe, 1946~1999[J]. Journal of Climate, 16(22): 3665-3680.

WU L Y, ZHANG J Y, DONG W J, 2011. Vegetation effects on mean daily maximum and minimum surface air temperatures over China[J]. Science Bulletin, 56(9): 900-905.

YOU Q, KANG S, AGUILAR E, et al., 2011. Changes in daily climate extremes in China and their connection to the large scale atmospheric circulation during 1961~2003[J]. Climate Dynamics, 36(11): 2399-2417.

ZHAO M, PITMAN A J, 2002. The impact of land cover change and increasing carbon dioxide on the extreme and frequency of maximum temperature and convective precipitation[J]. Geophysical Research Letters, 29(6): 2-4.

第3章 过去200年秦岭气候变化与旱涝灾害

3.1 过去200年秦岭历史气温变化周期

利用改进的点对点重建（point-by-point regression，PPR）方法，将气温相关系数图与搜索圆进行加权平均得到搜索系数图，选取出与秦岭气象站点气温显著相关的树轮宽度年表，重建秦岭山地32个气象站点1835~2013年冬末初春2~4月的平均气温，以期获得近200年秦岭山地气候变化规律及周期。

3.1.1 研究资料与方法

1. 研究资料

1）气象资料

本节所用气象资料为秦岭32个气象站1959~2013年的月平均气温与降水资料（城固气象站的气象资料为1971~2013年），个别站点的缺测数据用多年平均值代替。本节还使用了秦岭地区及临近区域的CRUTS 3.23 1951~2013年的格点数据（http://badc.nerc.ac.uk/browse/badc/cru/data/cruts/cru/cruts3.23），分辨率为0.5°×0.5°。

2）树轮资料

用于重建秦岭区域气温的树轮数据来自于本书研究区域6条已发表的树轮数据（刘洪斌等，2003a，2003b）、3条国际树轮数据库（International Tree-Ring Data Bank，ITRDB）以及本书项目组采集的树轮数据（表3-1）。树轮资料在秦岭的东中西部均有分布，其中，本书项目组采样详细信息见6.1.1小节，样本预处理及年表研制见6.1.2小节。

表 3-1 研究所用年表及样点的基本信息

区域	序号	东经	北纬	树种	海拔/m	起始年	SSS≥0.85 起始年	来源
华山	CHIN056	110°05′	34°28′	华山松	1950	1458	1508	ITRDB
华山	CHIN057	110°05′	34°28′	华山松	2050	1596	1606	ITRDB
华山	CHIN058	110°05′	34°28′	华山松	2000	1598	1599	ITRDB
佛坪	FP2	107°50′	33°41′	秦岭冷杉	2350	1841	1858	收集
佛坪	FP3	107°48′	33°39′	铁杉	1540	1568	1632	收集
佛坪	FPA	107°48′	33°43′	铁杉	2838	1605	1639	收集

区域	序号	东经	北纬	树种	海拔/m	起始年	SSS≥0.85 起始年	来源
佛坪	FPB	107°48′	33°43′	秦岭冷杉	2838	1789	1827	收集
镇安	ZA1	108°45′	33°25′	秦岭冷杉	2500	1618	1755	收集
镇安	ZA2	108°50′	33°25′	铁杉	2200	1856	1874	收集
镇安	GDF1	108°24′	33°24′	巴山冷杉	2250	1878	1894	采集
镇安	GDF2	108°37′	33°24′	巴山冷杉	2290	1871	1892	采集
佛坪	GWT1	107°51′	33°41′	巴山冷杉	2221	1920	1938	采集
牛背梁	NBL	108°59′	33°52′	巴山冷杉	2592	1856	1940	采集
牛背梁	CDS1	108°59′	33°52′	巴山冷杉	2597	1908	1930	采集
牛背梁	CDX1	108°59′	33°52′	巴山冷杉	2558	1913	1934	采集
牛背梁	CTM	108°59′	33°52′	巴山冷杉	2356	1960	1964	采集
牛背梁	NTM1	108°59′	33°52′	巴山冷杉	2399	1956	1966	采集
牛背梁	NTM2	108°59′	33°52′	巴山冷杉	2426	1856	1964	采集
光秃山	SCK1	108°46′	33°50′	巴山冷杉	2551	1947	1973	采集
光秃山	SCK2	108°46′	33°50′	巴山冷杉	2565	1845	1965	采集
光秃山	SCK3	108°46′	33°50′	巴山冷杉	2522	1955	1964	采集
光头山	DST	108°47′	33°51′	巴山冷杉	2831	1923	1955	采集
光头山	SPZ	108°46′	33°51′	巴山冷杉	2627	1886	1960	采集
太白山	YWD	107°46′	33°56′	太白红杉	3200～3321	1727	1849	采集
太白山	YWDZ	107°46′	33°50′	太白红杉	3093～3124	1897	1912	采集
太白山	SBS1	107°48′	34°0′	太白红杉	3206	1849	1858	采集
太白山	SBS2	107°48′	34°0′	太白红杉	3062	1845	1879	采集
太白山	SBS3	107°48′	34°0′	太白红杉	3068	1850	1877	采集
太白山	SBS4	107°48′	34°00′	太白红杉	3403	1822	1952	采集
太白山	SBS5	107°48′	33°59′	太白红杉	3346	1879	1958	采集
太白山	SBS6	107°48′	34°0′	太白红杉	3214	1902	1915	采集
朱雀	CDD	108°36′	33°50′	太白冷杉	2640	1948	1959	采集

注: ITRDB 为国际树轮数据库，SSS 为子样本信号强度，收集资料来自刘洪斌等（2003a，2003b）。

2. 研究方法

秦岭地形复杂，局地气候特征明显，树木生长对气温的响应较强，按照已有研究（方克艳，2010），计算 1951～2014 年气温格点数据与秦岭 32 个气象站的相关系数，得到相关系数图。选取搜索系数大于 0.96 范围内邻近气象站的树轮年表进行气候重建。为保证重建结果的稳定性，将选取的年表与对应气象站的气象资料进行相关分析，剔除掉相关性差的年表，将相关性高、气候信号显著的年表合成最终年表。因标准年表（standard chronology，STD）包含更多的低频信息，因此书中采用标准年表进行气温重建。

3.1.2 秦岭树轮宽度标准年表特征

表 3-2 为秦岭树轮宽度标准年表统计特征，平均敏感度反映的是树木轮宽年际变化幅度，敏感度越大，说明树木对外界环境因子的变化越敏感（李颖俊等，2016），各年表的平均敏感度在 0.14～0.21，说明树木生长对环境响应较敏感。表 3-2 中一阶自相关系数均较高，表明树木生长明显受到了前期树木生长影响。EPS 及信噪比除柞水年表较低外，其余年表相对较高，说明含有较多的环境信息。第一主成分的解释量大部分未超过 30%，这可能是由于年表合成时搜索的最终年表所处的坡向及海拔不同，生长环境有所差异所致。

表 3-2 秦岭树轮宽度标准年表统计特征

统计量	平均敏感度	标准偏差	一阶自相关系数	树间平均相关系数	信噪比	样本总体代表性	第一主成分所占方差量	SSS>0.85 的第一年（树数）
宝鸡年表	0.20	0.27	0.62	0.44	10.59	0.91	23.60	1624(11)
岐山年表	0.16	0.27	0.69	0.63	15.18	0.94	25.10	1783(18)
眉县年表	0.15	0.27	0.68	0.49	13.55	0.93	22.60	1674(7)
周至年表	0.18	0.20	0.41	0.31	7.86	0.89	19.60	1549(22)
户县年表	0.15	0.19	0.57	0.48	25.72	0.96	35.20	1869(12)
长安年表	0.17	0.20	0.44	0.32	8.77	0.90	17.50	1549(24)
蓝田年表	0.18	0.19	0.39	0.32	9.13	0.90	19.80	1549(23)
渭南年表	0.18	0.20	0.38	0.32	9.70	0.91	20.00	1549(22)
华县年表	0.18	0.20	0.39	0.33	9.98	0.91	19.50	1549(22)
华阴年表	0.20	0.21	0.34	0.33	14.85	0.94	26.70	1525(13)
潼关年表	0.17	0.19	0.40	0.32	8.90	0.90	21.00	1545(21)
洛南年表	0.18	0.20	0.38	0.32	9.23	0.90	19.70	1549(23)
凤县年表	0.21	0.35	0.66	0.49	14.78	0.93	33.70	1858(12)
太白年表	0.15	0.27	0.68	0.53	10.64	0.91	18.90	1789(21)
略阳年表	0.15	0.20	0.60	0.50	21.28	0.96	35.70	1848(10)
留坝年表	0.15	0.19	0.58	0.65	11.20	0.92	18.00	1708(22)
洋县年表	0.15	0.20	0.60	0.67	13.49	0.93	22.50	1712(18)
城固年表	0.15	0.19	0.57	0.55	23.64	0.96	38.80	1850(9)
汉中年表	0.15	0.20	0.60	0.52	32.32	0.97	39.70	1849(9)
勉县年表	0.15	0.20	0.59	0.62	13.02	0.93	20.90	1770(20)
佛坪年表	0.14	0.19	0.52	0.53	27.63	0.97	32.50	1858(15)
宁陕年表	0.15	0.20	0.58	0.65	13.83	0.93	20.90	1771(20)
石泉年表	0.15	0.20	0.59	0.64	13.90	0.93	22.10	1755(19)

续表

统计量	平均敏感度	标准偏差	一阶自相关系数	树间平均相关系数	信噪比	样本总体代表性	第一主成分所占方差量	SSS>0.85 的第一年（树数）
汉阴年表	0.15	0.20	0.57	0.65	20.14	0.95	23.60	1755(18)
紫阳年表	0.16	0.27	0.68	0.60	18.92	0.95	22.80	1790(21)
安康年表	0.15	0.27	0.69	0.56	19.71	0.95	23.40	1790(21)
镇安年表	0.18	0.20	0.38	0.33	9.30	0.90	18.80	1549(23)
旬阳年表	0.18	0.19	0.39	0.32	9.37	0.90	20.10	1549(22)
柞水年表	0.17	0.23	0.55	0.54	1.54	0.61	27.70	1742(7)
洛南年表	0.18	0.20	0.38	0.32	9.23	0.90	19.70	1549(23)
丹凤年表	0.18	0.19	0.39	0.31	8.79	0.90	20.20	1549(22)
山阳年表	0.18	0.20	0.40	0.32	9.25	0.90	19.60	1549(22)

注：SSS 为子样本信号强度。

通过利用 Dendroclim 2002 对年表与气象站的月平均气温、月降水量进行相关分析，选定最佳组合时段进行重建（Cook，1985）。对各气象站点的气候要素进行重建后，以 DEM 为协变量并采用克里金插值法，将各气象站点重建序列进行插值，实现从单点气候重建到面域气候重建的转变以获取秦岭山地的历史气温面域资料。

3.1.3　过去 200 年秦岭山地气温重建

1. 树轮年表与逐月气象因子相关分析

图 3-1 为 32 个气象站点气温、降水与树轮标准年表相关分析，表明秦岭山地年表与各时段气温呈显著相关性的频率高于与降水呈显著相关的频率。从整体来看，大部分气象站显示出与初春气温的显著正相关以及四月降水的负相关，这与已有的研究结果一致（方克艳，2010；刘禹等，2009，2001；刘洪斌等，2003a，2003b，2000；吴祥定等，1997；邵雪梅等，1994；吴祥定等，1994）。秦岭地区海拔高，气候湿润，树木生长需要较高的温度支持，初春气温逐渐回升偏高时，树木生长期便会提前，气温成为树木生长的限制因子，形成较宽的年轮（蔡秋芳等，2012；刘禹等，2009；刘洪斌等，2003c）。此外，秦岭中部和西部的气象站与 5 月和 6 月气温的显著正相关，相关性显著高于东部地区，而东部地区则与 5 月及 6 月的气温呈负相关关系。与 4 月降水的负相关可能是当降水较多时，气温会有所下降，以及秦岭气候湿润，过多降水反而会抑制植物生长。秦岭中部及东部地区还表现出与前一年 11 月降水负相关，尤其是东部地区。同时，东部地区的年表与当年 5、6 月有显著的正相关关系。综上所述，秦岭气温与降水对树木生长均有一定的影响，但气温的影响显著高于降水。树木生长与气温有更直接的关系，

且 2～4 月的气温与标准年表的相关性最高，因此选取 2～4 月的平均气温进行秦岭各气象站的气温重建。

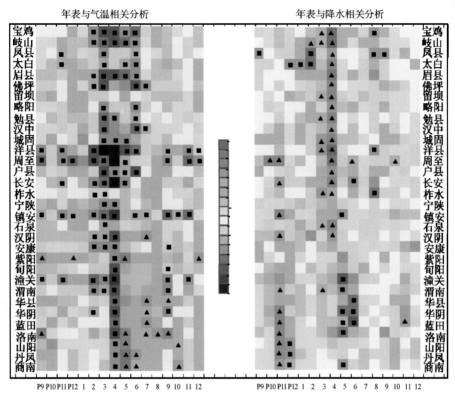

■ 表示显著正相关，$P<0.05$；　▲ 表示显著负相关，$P<0.05$

图 3-1　树轮标准年表与气象站气温、降水相关分析（侯丽，2017）

2. 回归方程的建立与检验

以树轮标准年表（standardized tree-ring chronology，STD）为自变量，以秦岭各气象站 2～4 月的月平均气温作为应变量，根据经验建立线性回归方程进行重建，以恢复秦岭地区 2～4 月的历史气温。回归方程稳定性的检验采用逐一剔除法，以及传统的交叉检验分析（WalPol et al.，1985）。逐一剔除法结果见表 3-3，表明重建的回归方程是稳定的，回归方程和逐一剔除法检验结果接近。其中，除商南、山阳、柞水、紫阳、丹凤 5 个站点外，其余各站点的相关系数均在 0.4 以上且复相关系数及 F 检验值置信度均超过了 99%。D-W 值主要用于检验回归方程的一阶自相关性（Duibin et al.，1950）。误差缩减值除上述五个站点外均接近于 0.3，符号检验、乘积平均值置信度在 99% 以上，检验结果表明重建方程是稳定可靠的。

表 3-3　回归模型检验统计量

气象站	标准估计误差	复相关系数	方差解释量	调整自由度后方差解释量	F 检验值	P 检验	D-W 值	乘积平均值检验	误差缩减检验
宝鸡	0.83	0.32	0.32	0.31	24.13	0.0001	1.44	12.93	0.35
岐山	0.85	0.41	0.41	0.40	35.37	0.0001	1.79	6.97	0.43
凤县	0.89	0.22	0.22	0.20	13.59	0.0001	1.81	4.88	0.22
太白	1.03	0.20	0.20	0.19	12.81	0.001	1.51	4.31	0.21
眉县	0.92	0.40	0.40	0.36	31.27	0.0001	1.56	5.89	0.39
佛坪	1.05	0.31	0.31	0.26	18.79	0.0001	1.25	6.60	0.27
留坝	0.81	0.16	0.16	0.14	9.62	0.003	1.72	7.17	0.16
略阳	0.83	0.21	0.21	0.20	13.40	0.001	1.85	5.89	0.21
勉县	0.79	0.31	0.31	0.30	23.26	0.0001	1.48	4.75	0.24
汉中	0.89	0.20	0.20	0.19	12.88	0.001	1.15	6.37	0.2
城固	0.79	0.23	0.23	0.21	11.69	0.001	1.38	6.34	0.23
洋县	0.60	0.52	0.52	0.48	50.23	0.0001	1.86	13.78	0.51
周至	1.03	0.50	0.50	0.46	46.07	0.0001	1.52	7.77	0.47
户县	1.17	0.25	0.25	0.23	16.68	0.0001	1.06	5.50	0.25
长安	0.77	0.50	0.50	0.47	47.38	0.0001	1.65	11.60	0.48
柞水	1.80	0.05	0.05	0.03	2.72	0.103	0.34	9.18	0.05
宁陕	0.71	0.27	0.27	0.25	18.63	0.0001	1.57	5.87	0.30
镇安	1.16	0.32	0.32	0.30	24.05	0.0001	1.41	11.14	0.32
石泉	0.72	0.27	0.27	0.26	17.76	0.0001	1.92	4.32	0.26
汉阴	0.79	0.24	0.24	0.22	16.40	0.0001	1.32	5.23	0.31
安康	0.83	0.32	0.32	0.31	24.12	0.0001	1.44	12.92	0.35
紫阳	1.09	0.05	0.05	0.03	2.84	0.09	1.25	1.39	0.09
旬阳	1.13	0.18	0.18	0.16	11.06	0.001	0.97	6.08	0.20
潼关	1.13	0.36	0.36	0.34	29.24	0.0001	1.43	14.30	0.37
渭南	1.03	0.28	0.28	0.26	19.98	0.0001	1.23	8.31	0.28
华县	0.81	0.19	0.19	0.17	11.18	0.001	1.47	8.54	0.17
华阴	0.89	0.27	0.27	0.26	18.47	0.0001	1.20	14.82	0.27
蓝田	0.87	0.20	0.20	0.13	8.66	0.005	1.20	6.57	0.17
洛南	0.86	0.26	0.26	0.25	17.74	0.0001	1.44	8.32	0.27
山阳	1.01	0.04	0.04	0.02	2.04	0.16	1.14	4.67	0.05
丹凤	1.03	0.08	0.08	0.06	4.16	0.045	1.19	3.42	0.09
商南	1.01	0.03	0.03	0.01	1.76	0.19	1.54	2.27	0.04

3.1.4 秦岭地区 2~4 月平均气温重建及其周期分析

1. 2~4 月平均气温重建

根据建立的 32 个气象站点的回归方程重建秦岭地区 2~4 月平均气温，其中重建时段最长的是华县等 13 个站点，为 1458~2013 年，所有气象站重建的公共时段为 1835~2013 年，共 179 年。除商南、山阳、柞水、紫阳、丹凤 5 个气象站点未通过检验，取其余气象站点重建序列（公共区间）的平均值，计算秦岭地区 2~4 月的历史气温变化见图 3-2。

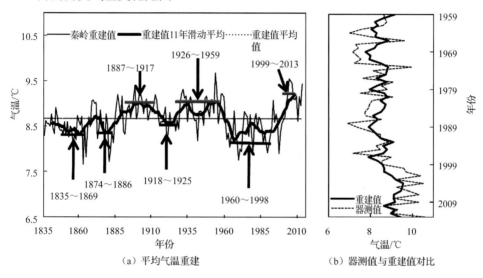

（a）平均气温重建　　　　　　（b）器测值与重建值对比

图 3-2　秦岭 1835~2013 年 2~4 月平均气温重建及器测值与重建值

对比图（侯丽等，2017）

从重建结果可以看出，秦岭地区 1835~2013 年 2~4 月冬末初春阶段有明显的 3 次偏暖期和 4 次偏冷期，其中低于多年平均气温（8.67℃）的偏冷期有 1835~1869 年、1874~1886 年、1918~1925 年、1960~1998 年，高于多年平均气温的偏暖期为 1887~1917 年、1926~1959 年、1999~2013 年。总体来看，秦岭地区历史时期 2~4 月平均气温冷暖交替变化。19 世纪中后期气温波动降低，1862 年达重建时段最低温 7.66℃，低于距平 1.01℃；19 世纪后期气温开始回升，经历 31 年暖期之后，迎来一个短时期的偏冷期；20 世纪 20 年代后期气温回升，并在 1953 年达到重建时段最高温 9.68℃，高于距平 1.01℃；20 世纪中期气温开始下降，并迎来了重建时段最长的冷期，达 39 年；20 世纪末气温开始快速回升。与秦岭地区相关研究相比，变化趋势较为一致（刘洪斌等，2003a），均表现出 19 世纪中后期的显著冷期与 20 世纪中叶之前的暖期，以及 20 世纪后叶的变冷阶段，再次论证了本章重建结果的可靠性。

2. 2~4 月平均气温周期分析

小波分析可以将时间序列分解为时间和频率空间，能够识别时间序列的主要周期及其随时间的变化（史江峰等，2007；Torrence et al.，1998）。对秦岭 2~4 月平均气温重建序列采用小波方法（Morlet 子波）分析其周期变化（刘洪斌等，2002；Morlet et al.，1982），所用软件为 Matlab R2014a。结果如图 3-3 所示，秦岭重建序列存在 2~3 年、2~5 年、7~11 年、11 年（超过 95%置信区间）这几种准周期变化。1855~1870 年为 2 年准周期变化，1872 年开始出现 4~5 年准周期变化并在 1905 年消失。1943 年之后又开始出现 2~5 年准周期变化。1959~1978 年存在 7~11 年的准周期变化，并且在 1982 年出现 11 年准周期变化，一直持续到 21 世纪初，且 1978 年和 1999 年前后存在小时段的 2~3 年准周期。综上所述，秦岭冬末初春 1835~2013 年的平均气温变化在 1959 年前主要存在 2~5 年的准周期变化，1959 年后则主要受 7~11 年、11 年尺度的波动影响。

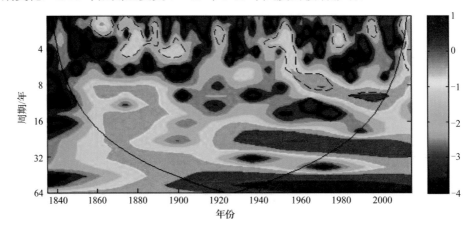

图 3-3 秦岭地区 2~4 月平均气温重建的小波功率谱分析（侯丽等，2017）

3.1.5 1835~2013 年秦岭 2~4 月平均气温变化的空间差异性

1. 秦岭南北坡 2~4 月平均气温变化空间差异性

植被对气候变化的响应会因坡向不同而产生差异（秦进等，2016），将秦岭各气象站点按照所处的位置分为南北坡，取南北坡各气象站点 2~4 重建序列的平均值作为不同坡向的重建序列，比较南北坡气候变化的差异（图 3-4）。秦岭南北坡 2~4 月的平均气温在过去 180 年中整体变化趋势比较一致。南坡多年平均值高于北坡 0.46℃。

为了进一步了解秦岭近 200 年里 2~4 月气温变化在不同坡向的响应，将南北坡重建序列按照冷暖期分别计算其气温倾向率（表 3-4），研究发现以 1959 年为转折点，1959 年之前北坡偏冷期气温倾向率较南坡低，北坡偏暖期气温倾向率较南坡高，即在 1959 年之前北坡 2～4 月各冷暖期平均气温波动幅度大，各冷暖期气温变化较南坡剧烈；而在 1959 年之后北坡偏冷期的气温倾向率较南坡高，偏暖期的气温倾向率较南坡低，即 1959 年之后北坡 2～4 月各冷暖期平均气温波动幅度较南坡低，南坡各冷暖期气温变化较北坡剧烈，与器测时期的数据分析结论相同。

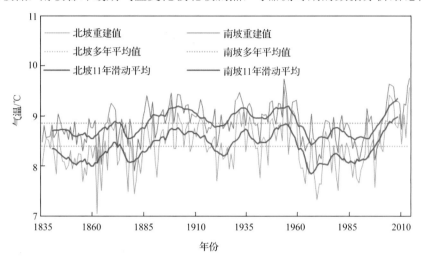

图 3-4　秦岭南北坡 2～4 月平均气温重建（侯丽等，2017）

表 3-4　秦岭南北坡不同冷暖期的气温倾向率

时期	年份	北坡/(℃/10a)	南坡/(℃/10a)
重建时期	1835～1869（冷期）	-0.03	0.02
	1874～1886（暖期）	0.15	0.20
	1887～1917（暖期）	0.03	-0.03
	1918～1925（冷期）	-0.20	-0.003
	1926～1959（暖期）	0.14	0.06
	1960～1998（冷期）	0.08	0.01
	1999～2013（暖期）	0.27	0.36
器测时期	1959～1998	0.09	0.04
	1999～2013	-0.17	-0.22

2. 各冷暖期 2～4 月平均气温空间差异性

为了从空间上更直观地理解秦岭冬末初春气温变化趋势及差异，利用树轮数据重构的 27 个气象站点数据序列，以 DEM 为协变数基于克里金插值法，从而实现从点到面域的转变。同时考虑南北坡差异的影响，利用近来对秦岭气温相关研究中的太白山气温直减率，将重建气象站点 2～4 月平均气温进行插值（白红英，2014；白红英等，2012；翟丹平等，2012；莫申国等，2007），获得秦岭山地气温面域资料（图 3-5）。

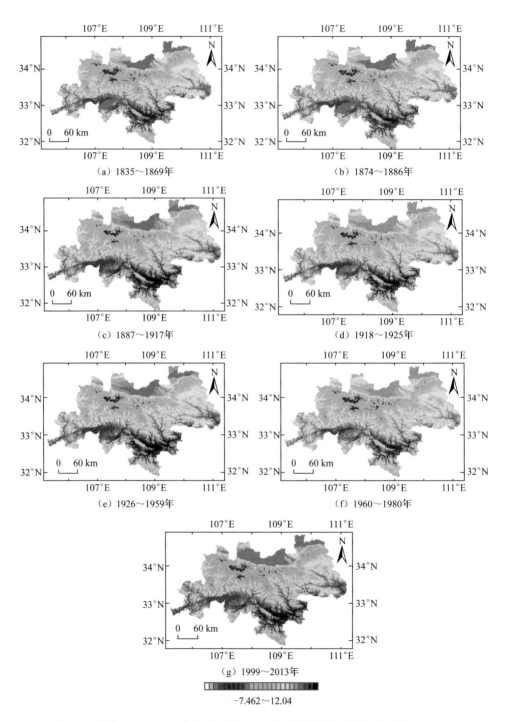

图 3-5　秦岭 1835~2013 年各冷暖期 2~4 月平均气温重建图（侯丽等，2017）

从秦岭 1835～2013 年各冷暖期 2～4 月平均气温重建图（图 3-5）以及基于插值结果计算的秦岭不同冷暖期重建气温表（最低气温～最高气温）（表 3-5）可以看出，秦岭 2～4 月历史气温的分布与山脉走向趋于一致，受地形影响显著，秦岭地区在近 200 年里低温中心始终在太白山区域，高温中心分布在秦岭南部区域，尤其是东南部地区。

暖期到来时，太白山冷谷范围缩小，秦岭南北坡低海拔地区气温普遍升高；相反，在偏冷期，太白山冷谷范围扩大，秦岭两坡气温降低。偏冷期的气温波动值普遍比暖期低 1℃ 左右，最高温出现在 1926～1959 年偏暖期，为 12.04℃，最低温出现在 1960～1998 年偏冷期，为 -7.46℃。3 个偏暖期的最低温呈上升趋势，偏冷期的最低温在 1925 年之前的 3 个时段也呈现出上升趋势，但是在 1960～1998年偏冷期又出现下降趋势。

表 3-5　秦岭不同冷暖期的重建气温（最低气温～最高气温）（单位：℃）

年份	秦岭气温	北坡气温	南坡气温
1835～1869（冷期）	-7.42～11.40	-7.42～9.22（16.64）	-6.12～11.40（17.52）
1874～1886（冷期）	-7.34～11.34	-7.34～9.18（16.52）	-6.03～11.34（17.37）
1887～1917（暖期）	-6.80～12.00	-6.80～9.30（16.1）	-5.55～12.00（17.55）
1918～1925（冷期）	-7.15～11.68	-7.15～8.95（16.1）	-5.87～11.68（17.55）
1926～1959（暖期）	-6.78～12.04	-6.78～9.31（16.07）	-5.53～12.04（17.57）
1960～1998（冷期）	-7.46～11.30	-7.46～9.11（16.57）	-6.15～11.30（17.45）
1999～2013（暖期）	-6.53～12.00	-6.53～9.50（16.03）	-5.27～12.00（17.27）

注：表 3-5 括号中均为最高气温与最低气温差值，即气温变化幅度。

从不同坡向差异来看，北坡气温变化幅度除 1960～1998 年偏冷期为 16.57℃外，基本呈缩小趋势，而南坡无明显变化。值得注意的是，在 21 世纪之前的偏暖期，秦岭北坡的气温以长安、户县、周至、渭南、华山气象站点为增值中心，21世纪短短十几年中，秦岭北坡气温的增幅与增值中心均有极为明显的扩大现象（侯丽等，2017）。

3.2　1852～2012 年秦岭山地历史降水变化

3.2.1　太白山 1852～2012 年降水序列重建与特征分析

1. 1852～2012 年降水序列重建

依据秦岭主峰太白山北坡太白红杉（*Larix chinensis*）树轮宽度指数以及周边

宝鸡和眉县多年的气象站点数据,通过多元回归模型重建太白山 1852～2012 年前一年 11 月至当年 6 月累计降水量的变化序列。重建时段的降水量平均值为 235.74mm,标准偏差(σ)为 39.79mm。由图 3-6 看出重建降水量在 100～400mm 的范围波动,且存在明显的周期性。重建序列在 1852～1880 年波动比较平稳,且降水量偏低;1880～1930 年降水的波动幅度明显增大,湿润和干旱的持续时间增长,特别是 1880～1892 年以及 1917～1930 年降水波动剧烈,干湿变化明显;1930～1985 年波动较为平稳,期间出现多次降水峰值和谷值,谷值出现频率大于峰值;1985 年后又出现两次较为剧烈的波动,1999 年之后除 2010 年降水较多外,大部分处于降水量较低的水平(苏凯等,2018)。

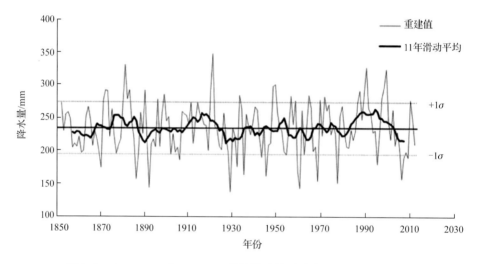

图 3-6　1852～2012 年 P11～C6 累计降水量重建序列及 11a 滑动平均

2. 1852～2012 年太白山降水特征分析

定义降水高于平均值+σ 的年份为湿润年份,而降水低于平均值-σ 的年份为干旱年份,1952～2012 年里湿润年份和干旱年份分别为 24a 和 21a,占重建总年份的 15% 和 13.1%,表 3-6 为降水重建序列中最湿润和最干旱年份。超过连续 2a 以上(含 2a)的湿润时段有 1871～1873 年、1881～1883 年、1920～1921 年、1948～1949 和 1998～1999 年;而连续 2a 以上(含 2a)的干旱时段有 1886～1887 年、1928～1929 年、1959～1960 年、2006～2007 年。湿润年份和干旱年份相伴而生,极端干旱年份之前往往出现降水量较多的湿润年份。例如,干旱年 1886 年、1892 年、1929 年的前期都是极端湿润年份,这可能和研究区降水的固有周期有关(李颖俊,2012)。

表 3-6　1852～2012 年太白山降水重建序列表现的极端湿润和极端干旱年份（苏凯等，2018）

序号	极端湿润年份	重建值/mm	极端干旱年份	重建值/mm
1	1921	349.63	1929	138.54
2	1881	332.22	1960	144.03
3	1990	328.28	1892	144.99
4	1999	325.53	1977	151.98
5	1949	302.58	1968	155.04
6	1948	299.71	1886	157.86
7	1998	297.75	2006	158.27
8	1920	294.54	1945	162.72
9	1883	294.16	1935	165.07
10	1872	293.52	1959	170.43
11	1890	293.48	1870	175.37
12	1987	293.31	1932	177.07
13	1873	292.47	1995	180.78
14	1989	288.76	2009	190.75
15	1899	287.34	2007	190.92
16	1964	286.12	1943	191.38
17	1933	286.08	1887	195.38
18	1956	284.78	1954	195.42
19	1971	284.06	1962	195.79
20	1997	282.20	1902	195.80

　　重建降水所表现出的 1928～1929 年极端干旱事件，与同时期发生在中国北方大部分地区的旱灾事件发生的时间一致，这次灾害事件在中国北方其他地区的树轮研究中也普遍得到印证（Liang et al.，2006；Liu et al.，2005；梁尔源，2004）。

　　为了提取气候变化的低频信息，对降水序列进行了 11a 滑动平均处理（图 3-6）。可以看到，1952～2012 年里太白山地区 P11～C6 表现的持续湿润（高于多年平均值）的年份主要有 1875～1885 年、1908～1923 年和 1983～2002 年；持续干旱的年份包括 1857～1867 年、1886～1907 年、1923～1935 年以及 1954～1965 年，其中 1923～1935 年干旱最为明显，此次严重的干旱在同期中国北方大部分地区都有所表现。

　　进入 20 世纪极端降水和干旱事件发生次数明显增多，降水序列呈现出密集且较强烈的波动，1930～1981 年尤为明显。重建降水序列的极值年份（1921 年极大值，1929 年极小值）也均发生在 20 世纪。此外，11a 滑动序列表现出了 1852～1890 年、1890～1929 年、1980～2010 年三段周期性的抛物线型变化趋势；而在

1930~1980 年则发生剧烈且密集的波动，同时这段时间也是极端气候事件频发的阶段。重建降水滑动平均序列所表现出的这种周期性以及波动的趋势可能在未来的气候变化中再次表现出来（苏凯等，2018）。

3.2.2　1852~2012 年太白山降水重建可靠性验证

1. 重建降水与文献记录事件

极端干旱事件为重建降水的可靠性提供了依据，据陕西省地方志（http://www.sxsdq.cn）记载："清德宗光绪十八年（1892 年），入春后，陕西雨泽愆期，麦因旱受伤，收成歉薄；民国 18 年（1929 年）春夏之交，雨泽愆期，秋季收成不及二三成，种麦失时，人心慌恐，举村逃亡者不一而足，全省 91 县，88 县成灾，夏秋颗粒无收，赤地千里，饿殍载道；民国 34 年（1945 年），夏灾陕西 79 县，久旱不雨，播种失时，入冬雪少，开春奇寒，麦根干冻，苗多枯萎，入春后未普遍降雨，清明节后，旱象已伏，至麦出穗扬花之际，复遇旱风，摧残殆尽。"这些灾害事件发生的时间和本章重建序列对应时间重合。

2. 重建降水与器测降水数据

图 3-7 是方程重建的秦岭太白山地区 1960~2012 年 11 月至次年 6 月累计降水与观测值的对比曲线，两条曲线变化较为一致，证明重建是可信的。重建序列基本能够再现实测的降水变化特征，特别是在 1961 年、1971 年、1994 年、2002 年、2008 年，这几年重建的降水量与实际测量的降水量数值上几乎一致。需要指出的是，在多降水年份，重建值往往会低于实测值，这可能是因为采样点处于半湿润气候区且雨水充足，一方面，降水对树木生长的影响有限，在降水过多的年份，降水量超过了阈值；另一方面，多雨引起高山区植物生长主控因子温度降低。

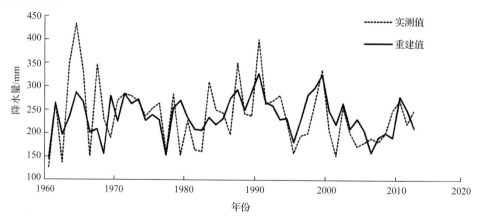

图 3-7　1960~2012 年降水重建值与实测值对比

3. 重建降水与已有研究结果

为了进一步验证重建结果的可靠性，本章选择了其他研究数据，包括以 Hughes 等（1994）利用秦岭东段华山松树轮宽度重建的 1600～1988 年 4～7 月降水序列和西安地区旱涝指数（白虎志，2010）分别与本章重建的太白山降水序列进行对比分析。将旱涝指数作反向处理，且三条序列均进行了 11a 滑动平均处理。经计算，本章重建序列与华山重建 4～7 月降水相关系数为 0.170(n=132，P<0.05)。通过图 3-8 对比结果发现，三条曲线在某些时段高频和低频变化上显示出较好的同步性趋势。例如，19 世纪 80、90 年代，20 世纪 20～30 年代以及 20 世纪 50～70 年代重建曲线波动特征较为一致。然而，三条序列之间也存在干湿变化不同的时段，这种不同可能是旱涝指数中的人为因素影响、树轮重建所用年表、重建时段或者采样点环境、气候等存在的差异所导致。

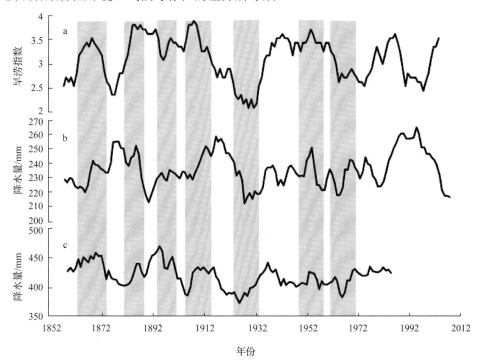

图 3-8　1852～2012 年 P11～C6 降水量重建序列与其他研究序列对比

a～c 分别为经过 11 年滑动的旱涝指数、华山 4～7 月降水重建和本章重建的太白山降水序列

3.2.3　1952～2012 年太白山前一年 11 月到当年 6 月降水周期分析

1. 降水变化周期分析

以上研究发现太白山 1952～2012 年降水序列存在明显的周期变化特征，为了

进一步定量说明其周期特征，本节利用小波分析方法对重建的降水量序列进行周期分析，并绘制出小波变换及方差图（图 3-9）。由方差图可知，秦岭太白山地区1852～2012 年降水序列中包含多个年际和年代际周期变化，且存在 4 种不同尺度周期，47～54a、17～22a、准 13a 和 3～7a。其中准 13a 周期震荡处于最大峰值为太白山地区降水变化的第一主周期，47～54a 为次周期；分析图 3-9，可以看出 3～7a 周期能量较弱，但在整个研究时间段内一直存在，这反映了降水序列的高频振荡特征，此周期对较短时间尺度上降水量变化起一定影响。

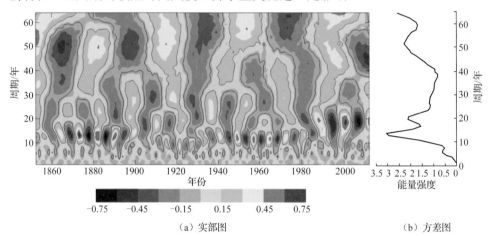

（a）实部图　　　　　　　　　　　　　　（b）方差图

图 3-9　1852～2012 年太白山 P11～C6 降水量小波变换及方差图（苏凯等，2018）

由图 3-9 可知，47～54a 为太白山整体降水量变化的最大周期，从 19 世纪 60年代到 20 世纪 80 年代左右高低值持续交替出现，且随着时间的推移呈现增大的趋势；准 13a 震荡周期最明显，此周期为太白山降水的主要控制周期，其稳定性随时间变化：在 1900 年之前非常规律，继而弱化，但在 1940 年回归正常，持续到 1985 年附近，随后向上突变形成稳定交替的 17～22a 周期，并一直持续到2012 年。

值得注意的是，17～22a、准 13a 和 3～7a 周期在 1985 年以后混合，三种周期跨度共同作用于降水，且这种对降水的作用可能是长期的。本章重建的降水时间段为前一年 11 月到当年 6 月，这一时间段恰好是厄尔尼诺现象影响最严重的时段，出现周期混合的这种情况可能是由于厄尔尼诺-南方涛动现象的变化，从而对研究区降水固定周期产生影响，即气候变暖可能改变区域降水规律导致极端降水事件发生。

2. 降水周期变化驱动力

很多研究树轮的学者认为（蔡秋芳等，2006；2008）我国北方地区树木生长不仅受局地区域气候的影响，还受较大尺度气候变化的影响。为探索太白山太白红杉对大范围水文气候响应特征，将建立的 1854～2012 年太白红杉树轮标准年表与 1854～2012 年太平洋年代际震荡指数（Pacific Decadal Oscillation，PDO）以及 1866～2012 年南方涛动指数（Southern Oscillation Index，SOI）序列进行对比，其数据来源于美国国家海洋和大气管理局（National Ocean Atmosphere Administration，NOAA）。相关分析表明，树轮年表与前一年 1 月和 2 月 PDO 指数相关系数分别为 0.180(n=158，P=0.024)、0.214(n=158，P=0.007)，说明 PDO 指数对树木径向生长影响可能存在滞后性，地处内陆、远离大洋的秦岭地区树木也可能记录赤道太平洋地区的 ENSO 信息。对比发现两条序列的曲线在某些时段变化上显示出较好的一致性趋势，如 1867～1883 年、1897～1908 年、1914～1924 年、1928～1937 年、1946～1956 年、1962～1972 年、1982～1992 年、1995～2005 年（图 3-10）。

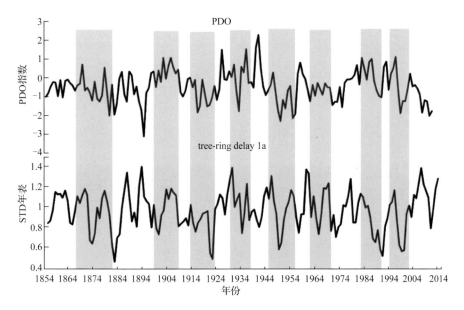

图 3-10　太白红杉树轮标准年表序列与太平洋年代际震荡指数序列对比

tree-ring delay 1a 为下一年太白红杉树轮标准年表序列

而重建降水所表现出来的 3～7a 周期与 ENSO 的变化周期比较吻合，说明该地区气候变化可能与 ENSO 活动有关（高雅，2012；Jiang et al.，2011）。本章选择太平洋年代际震荡指数（PDO，1854～2012 年）以及南方涛动指数（SOI，1866～2012 年）序列与太白山降水序列进行对比分析，三条序列均进行了 11a 滑动平均处理，对比结果如图 3-11。可以看出，在太白山降水序列和 PDO 指数某些趋势相同的时段，SOI 指数与二者趋势相反，如 19 世纪 90 年代、20 世纪 30 年代和 20世纪 70 年代左右，都表现出较明显的规律性，表明研究区气候变化可能受到更大尺度水文气候变化的影响。

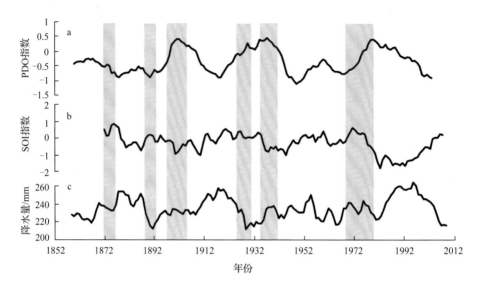

图 3-11　太白山降水序列与 PDO、SOI 指数序列对比（苏凯等，2018）

a～c 分别为经过 11a 滑动的 PDO 指数、SOI 指数和本章重建的太白山降水序列

3.3　秦岭山地历史旱涝灾害分析

3.3.1　基于文献记录的 1850～1959 年秦岭旱涝灾害分析

1. 旱涝灾害的等级划分及其变化特征

借鉴《中国近五百年旱涝分布图集》（1981）和《中国西北地区近 500 年旱涝分布图集》（2010）中对已有旱涝灾害等级的划分，参考并遵循旱涝等级划分标准，在有限的历史数据中，按照灾害的持续时间、强度、受灾范围以及受灾程度等因素，同时兼顾各种记录的大致比例，统计 1850～1959 年历史文献记录的秦岭南、北坡旱涝灾害，并将旱涝灾害划分为旱、偏旱、正常、偏涝、涝，详见表 3-7。具体标准：1（旱），在较大区域内发生的干旱，持续时间长，影响范围大，出现作物大面积减产或绝收；2（偏旱），在局部范围内，个别月份发生的灾情较轻的旱灾；3（正常），在较大区域内风调雨顺，年成丰稔，连续无水旱灾害记载的时期；4（偏涝），单季形成的小范围内持续降水，洪涝灾害不严重；5（涝），在较大区

域内形成持续时间长的降水，降水强度大，或造成人员伤亡和财产损失。

表 3-7　1850～1959 年秦岭地区灾害次数统计（苏凯等，2018）

区域	旱（1、2）次数	旱（1）次数	偏旱（2）次数	正常年份（3）次数	涝（4、5）次数	偏涝（4）次数	涝（5）次数	旱、涝总次数
北坡	29	10	19	43	38	25	13	67
南坡	20	7	13	62	30	19	11	50
秦岭	35	11	24	65	48	33	15	83

由表 3-7 可知，1850～1959 年秦岭地区共发生 83 次旱涝灾害事件，旱灾和涝灾分别发生 35 次和 48 次，分别占旱涝灾害总次数的 42.17% 和 57.83%。在旱涝等级统计中，1 级旱发生 11 次，2 级偏旱发生 24 次，3 级正常年份次数 65 次，4 级偏涝发生 33 次，5 级涝灾发生 15 次。从发生次数来看，1850～1959 年秦岭地区的涝灾次数多于旱灾次数，气候相对偏湿润。在旱涝灾害的等级中，存在着连续的旱涝灾害分布特征，出现旱涝灾害事件交替出现的现象。

2. 旱涝灾害的年际变化特征

以每 10 年为单位统计秦岭地区旱涝灾害的年际变化特征，发现秦岭地区共发生 83 次旱涝灾害，平均每 1.33 年发生 1 次。秦岭北坡旱涝灾害发生频率大于南坡。整个秦岭地区旱涝灾害在中期发生频率较高，整体上表现出增加的趋势，在不同阶段旱涝灾害发生频次有所变化，具体表现为：1870～1879 年和 1920～1929 年以干旱灾害为主；1890～1909 年以洪涝灾害为主；1930～1949 年旱涝灾害发生较少。

将秦岭地区 1850～1959 年旱涝灾害等级指数做累积距平和滑动处理得图 3-12，其中曲线上升表示气候呈现湿润趋势，曲线下降则呈干旱趋势。可以直观地看出，秦岭地区的旱涝灾害具有明显的阶段性特征，1880～1912 年为上升阶段，期间可划分为 1880～1898 年与 1904～1912 年上升阶段和 1899～1904 年下降阶段，说明这个阶段涝灾发生的频率高于旱灾，而在 1899～1904 年出现持续 5 年左右的旱情，查阅历史资料发现 1900 年左右发生过规模大、持续时间长的一次旱灾；1913～1949 年为下降阶段，表明该时期旱灾比涝灾的发生频率要高。整体来说，1850～1959 年秦岭地区旱涝灾害波动较为明显，呈现干旱期-湿润期的交替特征，涝灾集中出现在中前期阶段，旱灾集中出现在后期阶段。19 世纪后半叶前 30 年波动较为平稳，之后出现洪涝增加的趋势，进入 20 世纪后整个秦岭地区干旱事件发生频率多于洪涝事件。

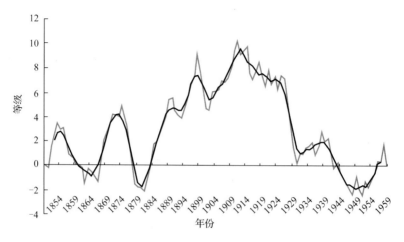

图 3-12　1850～1959 年秦岭地区旱涝灾害等级指数累积距平

3. 旱涝灾害的季节变化特征

在已有文献数据中有明显季节记录的灾害中，秦岭地区的旱涝灾害以单季旱涝灾害为主，同时也有双连季、三连季甚至四季旱涝灾害的发生，见图 3-13。其中，单季是旱灾的多发期，且以夏季最多，共发生 16 次，其中北坡发生 9 次，南坡发生 7 次；在双季旱灾中以春夏连旱为主，共发生 10 次，同时也出现三连季和四季全旱的情况。洪涝灾害也以单季涝灾为主，夏季、秋季是涝灾的频发期，分别发生了 20 次和 21 次，且北坡涝灾夏季高于南坡，而南坡秋季高于夏季；双季涝以夏秋连涝居多，共发生 19 次。在历史文献资料中没有出现三季及四季连涝的记载。

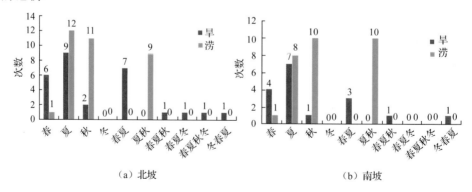

图 3-13　1850～1959 年秦岭地区旱涝灾害的季节分布（苏凯等，2018）

综上，秦岭地区旱灾的年内季节变化集中于春、夏及春夏连季，涝灾的年内季节变化集中在夏、秋及夏秋连季。旱涝灾害呈现出的这种季节性特征可能与秦岭地区的季风活动有关（万红莲，2017）。

4. 旱涝灾害的周期变化特征

图 3-14 为秦岭地区 1850～1959 年旱涝灾害等级序列的小波分析。小波分析实部图［图 3-14（a）］显示，秦岭地区旱涝灾害在时间尺度上呈现出明显的交替性特征，即旱后有涝，同样涝后有旱，但整体上以偏旱为主，这可能与秦岭地区气候变化的固有频率有关；小波方差图［图 3-14（b）］显示，旱涝灾害在 7a、11a、21a 和 31a 附近存在 4 个振荡周期，并且可能存在 60a 以上更大的周期。其中在 31a 附近的振荡周期最为强烈，7 年的变化周期与 ENSO 的变化周期比较吻合，说明该地区气候变化可能与 ENSO 活动有关。同时 11a 周期与太阳黑子活动平均周期相对应，表明了秦岭地区旱涝灾害与太阳活动周期有着密切关系。

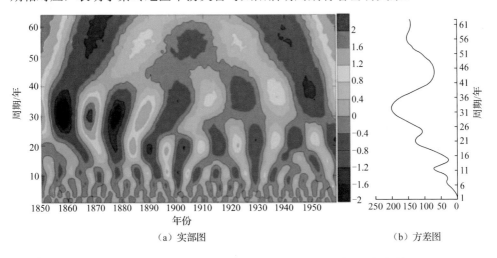

（a）实部图　　　　　　　　　　　　　　　　（b）方差图

图 3-14　秦岭地区旱涝灾害等级指数小波分析实部图与方差图（苏凯等，2018）

3.3.2　基于已有器测数据的 1959～2015 年秦岭干湿变化

1. 1959～2015 年秦岭地区 SPEI 指数变化趋势

国外学者提出了利用标准化降水蒸散指数（standardized precipitation evapotranspiration index，SPEI）表征全球变暖背景下干旱的变化特征。该指数基于降水和蒸散，既保留了帕默尔干旱指标（Palmer drought severity index，PDSI）考虑蒸散对温度敏感的特点，又具备标准化降水指数（standardized Precipitation index，SPI）适合多尺度、多空间比较的优点（周丹等，2014）。

图 3-15 为秦岭地区平均 SPEI 年际变化趋势及其 Mann-Kendall 检验结果。可以看出，秦岭地区干旱主要开始于 20 世纪 90 年代初，此后的 20a 间干旱频繁发生。从 1960～2015 年，秦岭地区的年平均 SPEI 指数以 0.10/10a 的速度下降，干旱趋势明显增强。从 SPEI 数值上来看，最干旱年份偏离正常年的程度小于最湿润

年份。在0.05的置信度水平下,秦岭年平均SPEI在1990年开始突变降低(图3-15)。由 UF 曲线可知,1959～2015 年秦岭年平均 SPEI 指数呈现波动变化,并于 1990 年发生下降突变,1999～2011 年达显著下降趋势。

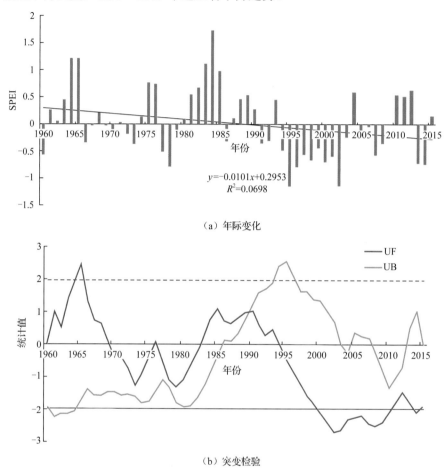

（a）年际变化

（b）突变检验

图 3-15　1959～2015 年秦岭地区年平均 SPEI 指数年际变化及 M-K 突变检验

图 3-16 为 1959～2015 年秦岭地区年均 SPEI 指数的变化倾向率空间分布,秦岭南北坡的年平均 SPEI 指数分别以 0.075/10a 和 0.128/10a 的速度下降,表明北坡的干旱化趋势大于南坡。其中北坡的周至县、户县和宝鸡市的干旱化程度较大,其 SPEI 指数分别为-0.226/10a、-0.142/10a 和-0.162/10a；南坡 SPEI 指数倾向率下降较明显的地区为镇安县、柞水县、城固县,分别是-0.224/10a、-0.183/10a、-0.186/10a；而南坡的商南表现出较微弱的湿润化特征,倾向率为 0.074/10a。值得注意的是,海拔较高的华山站、太白站的 SPEI 指数也呈现出明显的下降趋势,说明高海拔地区干湿状况对气候变化更为敏感（苏凯等,2018）。

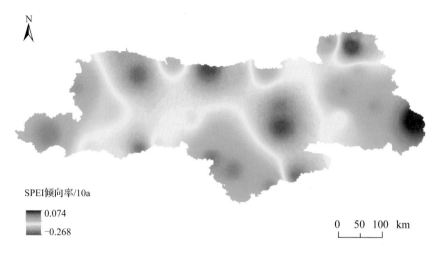

图 3-16　1959～2015 年秦岭地区年均 SPEI 指数变化倾向率（苏凯等，2018）

2. 1959～2015 年秦岭南北坡旱涝灾害变化

利用计算出的每个站点的 SPEI 指数，结合表 3-8 给出的国际上通用的基于 SPEI 指数划分干旱等级标准，可以确定秦岭地区各站点每年的旱涝程度。

表 3-8　标准化降水蒸散指数（SPEI）对应的旱涝等级划分

等级	SPEI 值	旱涝程度	等级	SPEI 值	旱涝程度
4	[2.0,+∞)	极端湿润	−1	(−1.0，−0.5]	轻度干旱
3	[1.5,2.0)	严重湿润	−2	(−1.5，−1.0]	中等干旱
2	[1.0,1.5)	中等湿润	−3	(−2.0，−1.5]	严重干旱
1	[0.5,1.0)	轻度湿润	−4	(−∞，−2.0]	极端干旱
0	(−0.5,0.5)	正常			

图 3-17、图 3-18 与表 3-9 分别为根据旱涝等级划分并统计得到的 1960～2015 年秦岭北、南坡旱涝等级变化特征和年代际变化特征。可以看出，1960～2015 年秦岭南坡和北坡地区旱涝等级变化总趋势较为一致，表现出旱灾增加而涝灾减少，但旱涝频率、灾害发生等级存在南北差异。

由表 3-9 可知，秦岭北坡干旱化趋势大于南坡，尤其从 20 世纪 90 年代开始，干旱化尤为明显，说明秦岭北坡地区对气候变化更为敏感，而旱涝等级年代际波动幅度小于南坡。秦岭南北坡干旱主要以轻微干旱和中等干旱为主，发生次数呈现出增加趋势，特别是严重干旱和极端干旱事件次数增加明显。秦岭南北坡湿润事件主要表现为轻度湿润、中等湿润和严重湿润，其中严重湿润和极端湿润事件呈现出先增加后减少的趋势。

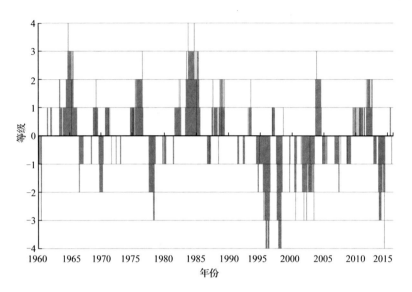

图 3-17　1960～2015 年秦岭北坡旱涝等级变化特征

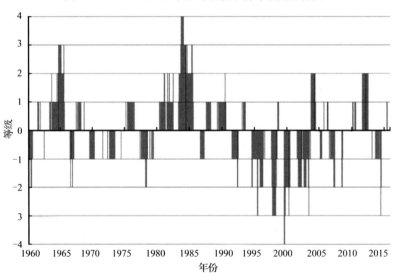

图 3-18　1960～2015 年秦岭南坡旱涝等级变化特征

表 3-9　**1960～2015 年秦岭南北坡旱涝等级年代际变化特征**　（单位：次）

旱涝等级	1960～1970 年		1971～1980 年		1981～1990 年		1991～2000 年		2001～2015 年	
	北坡	南坡	北坡	南坡	北坡	南坡	北坡	南坡	北坡	南坡
极端湿润	1	0	0	0	2	5	0	0	0	0
严重湿润	8	7	1	0	15	9	0	0	1	0
中等湿润	8	7	12	0	18	18	1	0	19	21

续表

旱涝等级	1960～1970 年		1971～1980 年		1981～1990 年		1991～2000 年		2001～2015 年	
	北坡	南坡	北坡	南坡	北坡	南坡	北坡	南坡	北坡	南坡
轻度湿润	36	27	16	20	27	38	12	9	24	12
正常	53	63	67	67	47	42	54	51	63	94
轻度干旱	15	24	12	30	11	8	21	27	38	32
中等干旱	10	4	9	3	0	0	11	20	26	19
严重干旱	1	0	3	0	0	0	9	11	8	2
极端干旱	0	0	0	0	0	0	12	2	1	0

秦岭年平均 SPEI 在 1990 年发生降低突变，值得注意的是，突变前 31 年（1960～1990 年）秦岭地区整体湿润比例平均值为 37.0%，突变后 25 年（1991～2015 年）湿润比例平均值下降为 15.2%；干旱比例平均值由突变前的 17.3% 急剧上升到突变后的 41.1%。表明 1990 年以后，秦岭由湿润转向干旱的趋势明显。

此外，突变发生前秦岭南北坡极端干旱事件从未发生，严重干旱事件也很罕见，突变后严重干旱和极端干旱事件呈现出井喷式发生；同时，突变后秦岭南北坡极端湿润和严重湿润事件近乎销声匿迹，1991～2015 年只发生过一次严重湿润事件。

3.4　本 章 小 结

（1）1835～2013 年秦岭地区存在四次偏冷期、三次偏暖期，2～4 月平均气温存在 2～3a、2～5a、7～11a、11a 准周期变化。

1835～2013 年秦岭地区 2～4 月均温在 1835～1869 年、1874～1886 年、1918～1925 年、1960～1998 年有四次偏冷期，在 1887～1917 年、1926～1959 年、1999～2013 年存在三次偏暖期；小波分析发现重建序列存在 2～3a、2～5a、7～11a、11a 准周期变化。秦岭南北坡冬末初春气候变化整体趋势较一致，但 1959 年之前北坡较南坡气温变化剧烈，之后南坡比北坡剧烈；偏冷期的气温波动值比暖期低 1℃ 左右，偏暖期的最低温有逐渐上升趋势。

（2）1852～2012 年每年前一年 11 月至当年 6 月累计降水量较多时段主要有 3 个时期，持续干旱的时段有 4 个时期，1985 年后降水变化主周期由 13a 变为 17～22a。

重建的 1852～2012 年每年前一年 11 月至当年 6 月降水序列表现出明显的干湿变化和周期性波动特征，其中较湿润时段主要在 1875～1885 年、1908～1923 年和 1983～2002 年，持续干旱的时段包括 1857～1867 年、1886～1907 年、1923～1935 年和 1954～1965 年；降水变化存在 47～54a、17～22a、准 13a 和 3～7a 的 4 种震荡周期，且表现出小周期弱化、大周期增强的趋势；研究区降水变化还受

PDO、SOI 等更大尺度水文气候变化的影响。

（3）1850～1959 年秦岭地区共发生 83 次旱涝灾害事件且涝灾次数多于旱灾次数，1959～2015 年秦岭年平均 SPEI 指数于 1990 年发生降低突变，并于 1999～2011 年呈显著下降水平。

1850～1959 年，秦岭地区旱灾和涝灾分别发生 35 次和 48 次，分别占旱涝灾害总次数的 42.17%和 57.83%，但进入 20 世纪后，整个秦岭地区干旱事件发生频率多于洪涝事件；年内季节变化集中于春、夏及春夏连季，涝灾的年内季节变化集中在夏、秋及夏秋连季；旱涝灾害在 7a、11a、21a 和 31a 附近存在 4 个振荡周期，其中在 31a 附近的振荡周期最为强烈。

基于 1959～2015 年器测资料，秦岭地区的年平均 SPEI 指数以 0.10/10a 的速度下降，年平均 SPEI 在 1990 年开始突变降低，并于 1999～2011 年呈显著下降趋势；北坡的干旱化趋势大于南坡，高海拔站点的 SPEI 指数也呈现出明显的下降趋势；南坡和北坡地区旱涝等级变化总趋势较为一致，表现出旱灾增加而涝灾减少，突变前 31a（1960～1990 年）整体湿润比例平均值为 37.0%，突变后 25a（1991～2015 年）湿润比例平均值下降为 15.2%，而干旱比例平均值由突变前的 17.3%急剧上升至突变后的 41.1%，且突变后严重干旱和极端干旱事件呈现出井喷式发生。

参 考 文 献

白红英, 2014. 秦巴山区森林植被对环境变化的响应[M]. 北京: 科学出版社.

白红英, 马新萍, 高翔, 等, 2012. 基于 DEM 的秦岭山地 1 月气温及 0℃等温线变化[J]. 地理学报, 67(11): 1443-1450.

白虎志, 董安祥, 郑广芬, 2010. 中国西北地区近五百年旱涝分布图集: 1470～2008[M]. 北京:气象出版社.

蔡秋芳, 刘禹, 2006. 油松树轮宽度记录的 1776 年以来贺兰山地区 1～8 月平均气温变化[J]. 地理学报, 61(3): 929-936.

蔡秋芳, 刘禹, 宋慧明, 等, 2008. 树轮记录的陕西中-北部地区 1826 年以来 4～9 月温度变化[J]. 中国科学 D 辑: 地球科学, 38(8): 971-977.

蔡秋芳, 刘禹, 王艳超, 2012. 陕西太白山树轮气候学研究[J]. 地球环境学报, 3(3): 874-880.

方克艳, 2010. 近四百年来西北地区气候变化的树轮记录研究[D]. 兰州: 兰州大学.

高雅, 王会军, 2012. 泛亚洲季风区: 定义, 降水主模态及其变异特征[J]. 中国科学: 地球科学, 42(4): 555-563.

侯丽, 2018. 基于树木年轮的秦岭气温及 NPP 重建研究[D]. 西安: 西北大学.

侯丽, 李书恒, 陈兰, 等, 2017. 近 200 年来秦岭 2～4 月历史气温重建与空间差异[J]. 地理研究, 36(8): 1428-1442.

李颖俊, 勾晓华, 方克艳, 等, 2012. 祁连山东部 188a 前一年 8 月至当年 6 月降水量的树轮重建[J]. 中国沙漠, 32(5): 1393-1401.

李颖俊, 王尚义, 牛俊杰, 等, 2016. 芦芽山华北落叶松(Larix principis-rupprechtii)树轮宽度年表对气候因子的响应[J]. 生态学报, 36(6): 1608-1618.

梁尔源, 邵雪梅, 黄磊, 等, 2004. 中国中西部地区树木年轮对 20 世纪 20 年代干旱灾害的指示[J]. 自然科学进展, 14(4): 469-474.

刘洪滨, 邵雪梅, 2000. 采用秦岭冷杉年轮宽度重建陕西镇安 1755 年以来的初春温度[J]. 气象学报, 58(2): 223-233.

刘洪滨, 邵雪梅, 2003a. 秦岭南坡佛坪 1789 年以来 1～4 月平均温度重建[J]. 应用气象学报, 14(2): 188-196.

刘洪滨, 邵雪梅, 2003b. 秦岭镇安和佛坪地区树轮宽度年表的建立[J]. 第四纪研究, 23(2): 235.

刘洪滨, 邵雪梅, 2003c. 利用树轮重建秦岭地区历史时期初春温度变化[J]. 地理学报, 58(6): 879-884.

刘洪斌, 邵雪梅, 黄磊, 2002. 中国陕西关中及周边地区近 500 年来初夏干燥指数序列的重建[J]. 第四季研究, 22(3)：220-229.

刘禹, 刘娜, 宋慧明, 等, 2009. 以树轮宽度重建秦岭中段分水岭地区 1～7 月平均气温[J]. 气候变化研究进展, 5(5): 260-265.

刘禹, 马利民, 蔡秋芳, 等, 2001.依据陕西秦岭镇安树木年轮重建 3～4 月份气温序列[J]. 自然科学进展, 11(2):157-162.

莫申国, 张百平, 2007. 基于 DEM 的秦岭温度场模拟[J]. 山地学报, 25(4): 406-411.

秦进, 白红英, 李书恒, 等, 2016. 太白山南北坡高山林线太白红杉对气候变化的响应差异[J]. 生态学报, 36(17): 1-10.

邵雪梅, 吴祥定, 1994. 华山树木年轮年表的建立[J]. 地理学报, 49(2): 174-181.

史江峰, 刘禹, 蔡秋芳, 等, 2007. 贺兰山过去 196 年降水的树轮宽度重建及降水变率[J]. 海洋地质与第四纪地质, 27(1): 95-99.

苏凯, 2018. 基于树轮宽度太白山 160 年来降水重建与极端旱涝灾害事件研究[D]. 西安: 西北大学.

苏凯, 白红英, 张扬, 等, 2018. 基于树轮-气候资料的 160 多年来秦岭太白山降水变化特征重建[J]. 生态学杂志, 37(5): 1467-1475.

王东, 张勃, 安美玲, 等, 2014. 基于 SPEI 的西南地区近53a干旱时空特征分析[J]. 自然资源学报, 29(6):1003-1016.

万红莲, 宋海龙, 朱婵婵, 等, 2017. 明清时期宝鸡地区旱涝灾害链及其对气候变化的响应[J]. 地理学报, 72(1): 27-38.

吴祥定, 邵雪梅, 1994. 中国秦岭地区树木年轮密度对气候响应的初步分析[J]. 应用气象学报, 5(2): 253-256.

吴祥定, 邵雪梅, 1997. 树木年轮资料的可靠性分析: 以陕西华山松为例[J]. 地理科学进展, 16(1): 51-56.

翟丹平, 白红英, 秦进, 等, 2016. 秦岭太白山气温直减率时空差异性研究[J]. 地理学报, 71(9): 1587-1595.

中央气象局, 1981. 中国近五百年旱涝分布图集[M]. 北京: 地图出版社.

周丹, 张勃, 任培贵, 等, 2014. 基于标准化降水蒸散指数的陕西省近 50a 干旱特征分析[J]. 自然资源学报, 29(4): 677-688.

COOK E R, 1985. A Time series analysis approach to tree ring standardization[M]. Tucson: University of Arizona.

DUIBIN J, WATSON G S, 1950. Testing for serial correlation in least squares regression. I[J]. Biometrika, 37(3-4):409-428.

HUGHES M K, WU X D, Shao X M, et al., 1994. A preliminary reconstruction of rainfall in north-central China since A.D. 1600 from tree-ring density and width[J]. Quaternary Research, 42(1): 88-99.

JIANG X W, LI Y Q, 2011. Spatio-temporal variability of winter temperature and precipitation in Southwest China[J]. Journal of Geographical Sciences, 21(2): 250-262.

LIANG E Y, LIU X H, YUAN Y J, et al., 2006. The 1920s drought recorded by tree rings and historical documents in the semi-arid and arid areas of northern China[J]. Climatic Change, 79(3-4): 403-432.

LIU Y, CAI Q F, SHI J F, et al., 2005. Seasonal precipitation in the south-central Helan Mountain region, China, reconstructed from tree-ring width for the past 224 years[J]. Canadian Journal of Forest Research, 35(10): 2403-2412.

MORLET G A, FOURGEAU I, GIARD D, 2013. Wave propagation and sampling theory—Part I: Complex signal and scattering in multilayered media[J]. Geophysics, 47(2): 203-236.

TORRENCE C, COMPO G P, 1998. A practical guide to wavelet analysis[J]. Bulletin of the American Meteorological Society, 79(1): 61-78.

WALPOL R E, MYERS R H, MYERS S L, et al., 1985. Probability and Statistics for Engineers and Scientists[M]. New York: Macmillan Pubishing Company.

第4章 多尺度下秦岭山地植被对气候变化的响应

4.1 1982～2015年秦岭山地NDVI变化及其对气温降水的响应

4.1.1 1982～2015年秦岭山地NDVI时空变化特征

图4-1为1982～2015年秦岭山地NDVI变化率空间分布及其 F 检验，可以看出，1982～2015年秦岭山地NDVI整体表现为上升趋势，其中秦岭最北部和最南边NDVI上升较慢，中间大部分地区NDVI上升较快；秦岭山地NDVI呈极显著上升的区域占到总面积的53.55%，显著上升区域占到40.75%，NDVI呈不显著上升的区域仅为5.70%。由此可见1982～2015年秦岭山地大部分区域植被覆盖转好，NDVI呈显著上升的区域占秦岭山地总面积的90%以上。

由图4-1可以发现，NDVI呈显著上升的区域基本集中在南坡大面积的山区内，这些地方大多受人类活动影响较小、地形较复杂，因此人为影响可以忽略不计。说明近30多年气候变暖对秦岭植被生态系统产生了显著的促进作用；而NDVI上升较慢的地区多为海拔较低、地势平坦、城镇化程度较高的区域，受人为活动影响较大。

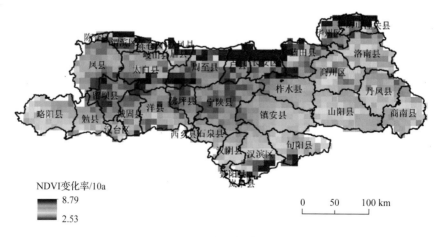

（a）变化率

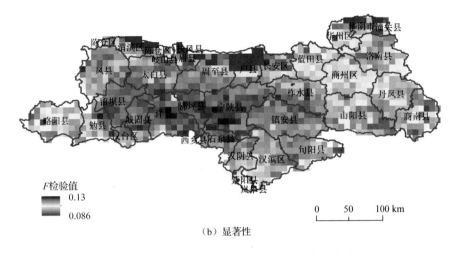

（b）显著性

图 4-1 1982～2015 年秦岭山地 NDVI 变化率空间分布及其 F 检验（马新萍，2015）

　　经突变分析发现，1982～2015 年里秦岭山地 NDVI 在 2005 年发生上升突变（图 4-2）。2.2.2 小节研究表明，1959～2015 年秦岭南、北坡年气温变化均存在十分明显的增温突变点，南坡气温突变点为 1997 年前后，北坡为 1994 年前后，而秦岭山地年均 NDVI 在 2005 年发生上升突变与气温突变点表现并不一致。说明秦岭山地 NDVI 的升高特别是低海拔区 NDVI 升高，并不是气候变化单一作用的结果，1998 年开始秦岭山地大量实行退耕还林还草政策，此后秦岭良好的气候环境使植被快速恢复，退耕还林还草 6、7 年之后，坡地植被恢复良好。因此本书认为秦岭山地特别是低海拔区 NDVI 上升是气候变化和人为政策耦合作用的结果。

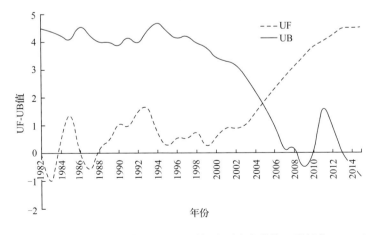

图 4-2 1982～2015 年的年均 NDVI 时间序列突变曲线（马新萍，2015）

4.1.2　1982～2015 年秦岭山地 NDVI 对水热变化的响应与适应

图 4-3 为 1982～2015 年南北坡年最大 NDVI 空间分布及其与月均气温的相关性，可以看出，秦岭北坡年最大 NDVI 除与 5 月、6 月、10～12 月气温呈不显著正相关外，与其余时段气温均呈不显著的负相关；南坡年最大 NDVI 与生长期各月气温均表现为不显著的正相关关系，且与 7 月气温呈显著正相关，而与上一年的秋冬季累积气温呈不显著负相关，且相关性较好，说明前一年的秋冬季连续高温可能会影响到当年植被生长情况，秦岭山地秋冬季降水特别是前一年 10 月～当年 2 月降水量普遍较少，气温升高引起的干旱可能对树木生长产生"遗产效应（legacy effects）"，限制树木生长；但北坡无论是单月还是累积气温与年最大 NDVI 相关性均不显著，说明北坡 NDVI 的影响因素更为复杂，除气温、降水等因素外，与城镇化、人类活动等因素影响更为密切。即南坡由于人为活动影响较少，植被对气温变化更为敏感，是研究气候变化对山地生态系统影响的"理想试验场"。

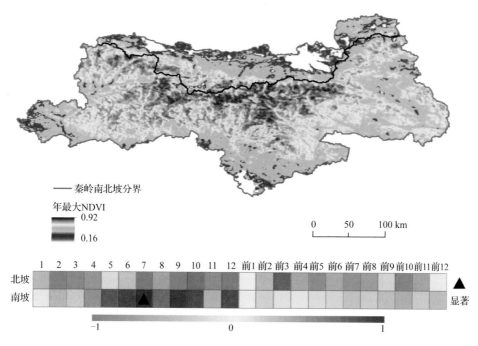

图 4-3　秦岭南北坡年最大 NDVI 的空间分布及其与月均气温相关性（马新萍等，2015）

另外，对秦岭山地南北坡 1982～2015 年的降水与年最大 NDVI 相关分析显示，秦岭南北坡年最大 NDVI 与各月降水量以及累积降水之间均未达到显著性相关，由此也可看出秦岭山地植被对气温变化的敏感度高于降水。

4.1.3　秦岭山地南坡植被最大 NDVI 对气候变化响应的敏感性

由于 7 月月均气温与秦岭南坡年最大 NDVI 呈显著正相关，因此将秦岭南坡 1998～2015 年 7 月气温与相对应年最大 NDVI 空间栅格进行相关分析，获得了相关系数空间分布栅格（图 4-4）。根据相关系数检验表，对图 4-4 中像元进行统计，秦岭南坡 1998～2015 年 7 月平均气温与相对应年最大 NDVI 呈极显著正相关的像元比例占 21.57%，呈显著正相关的像元占 52.46%，有 26.13% 的像元相对稳定，只有 0.16% 的像元为负相关，即随着气候变暖 1998～2015 年秦岭南坡的年最大 NDVI 有 74% 的面积呈显著增长趋势。

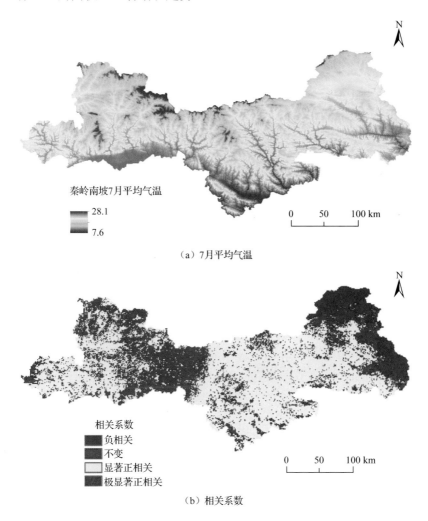

（a）7月平均气温

（b）相关系数

图 4-4　秦岭南坡 1998～2013 年 7 月平均气温及其与年最大 NDVI 的相关性（马新萍等，2015）

由图 4-4 可知，秦岭南坡植被对气温的响应存在空间差异性，从南坡的西部到东部 7 月气温与年最大 NDVI 相关性由正相关逐渐变为负相关。气温与 NDVI 之间的空间规律反映出气温与 NDVI 之间的关联性，二者一定存在着某一临界点，也就是当二者的相关系数由正相关转变为负相关或者由负相关变为正相关时，它所对应的温度就是植被生长受气温影响的敏感点，当气温低于这一气温时随着温度增加年最大 NDVI 也逐渐增加，当高于这一气温时随气温升高年最大 NDVI 降低，即气温对植被的影响存在一个"阈值"，本章借助强大的空间分析手段试图获取秦岭南坡植被对气候变化响应的敏感值。

将秦岭南坡 7 月气温与年最大 NDVI 的相关系数空间栅格图与 1998～2015 年 7 月平均气温的空间图叠加，得到气温与相关系数像元一一对应的属性表，由 7 月空间均温栅格图可知，秦岭南坡 7 月份的空间温度范围在 7.6～28.1℃，从相关系数栅格图的属性表可以分析统计出相关系数正负比例发生转折所对应的气温值。由图 4-5 可知，当气温为 18.01～24.01℃时，显著正相关像元所占百分比呈现先增多后减少的趋势，在 7 月份空间温度至 21.50℃左右时达到最大值，气温超过 21.51℃时，年最大 NDVI 与气温之间呈现显著正相关的像元数开始减少。从图 4-5 还可发现，正相关像元所占百分比也呈现先增后减的趋势，在温度达 21.50℃后，正相关像元所占百分比仍在增加，至 22.50℃左右达到最大，之后急剧下降。因此，本节认为（22±0.50）℃是秦岭南坡 7 月空间均温与年最大 NDVI 相关系数发生变化的一个转折点，当气温低于这一阈值时，气温升高会促进植被的生长，而当气温高于这一阈值时，植被的生长会受到抑制。由 1.1.2 小节可知，1959～2015 年 7 月平均气温为 21.67℃，气温发生增温突变后，秦岭山地空间均温已达 22.42℃，而秦岭山地存在大量中高海拔植被，随着海拔升高植被的适生温度会更低。

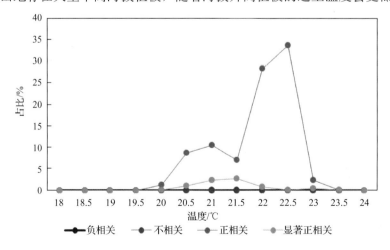

图 4-5　不同显著水平像元数所占百分比随温度变化趋势（马新萍等，2015）

4.2 典型自然保护区植被变化及其对气候变化响应的差异性

在陕西秦岭山地，省级以上自然保护区有 30 多个，占秦岭总面积的 9.8%，其中 91.4%的土地被林地和草地覆盖，林地占到了 76.3%以上，形成了具有典型代表性的秦岭自然保护区群，是秦岭山地的关键部位和精华所在。由于自然保护区区位差异，多样的生态环境孕育了丰富迥异的珍稀动植物资源，在全球环境变化特别是气候变化背景下，这些自然保护区生态系统如何响应与适应，关乎秦岭生态系统的完整性和自然保护区的持续性。本节以位于陕西秦岭不同区域的太白山、佛坪、牛背梁等自然保护区为例（图 4-6），研究秦岭山地典型区植被生态系统对气候变化的响应过程、发展趋势及差异性表现，对自然保护区的管理和生态预警具有重要意义。由于光头山自然保护区与牛背梁自然保护区毗邻，二者气候及植被状况相似，在进行植被变化与气候变化响应研究时，也将其纳入研究之列，并与牛背梁自然保护区合二为一进行研究。

图 4-6 典型自然保护区位置图

4.2.1 秦岭山地典型自然保护区植被差异性

通过对 Spot 和 Landsat 8 OLI 遥感影像的解译，分别提取出了太白山保护区、佛坪保护区和牛背梁保护区的植被分类图，将其分类为河流、裸岩、灌丛及草甸、阔叶林、针叶林（太白红杉林、巴山冷杉林）、针阔叶混交林等类型，如图 4-7 所示。并在 ArcGIS 中统计出了太白山、佛坪和牛背梁自然保护区植被类型面积及所处海拔，见表 4-1。三个典型自然保护区，无论是植被类型、垂直分布还是植被覆盖度均存在明显差异性，太白山自然保护区具有秦岭山地典型的高山植被生态系统，植被垂直分异明显，植被生态系统完整；而佛坪和牛背梁自然保护区则具有秦岭山地典型的亚高山植被生态系统，表现了秦岭山地大多数区域植被分布状况。

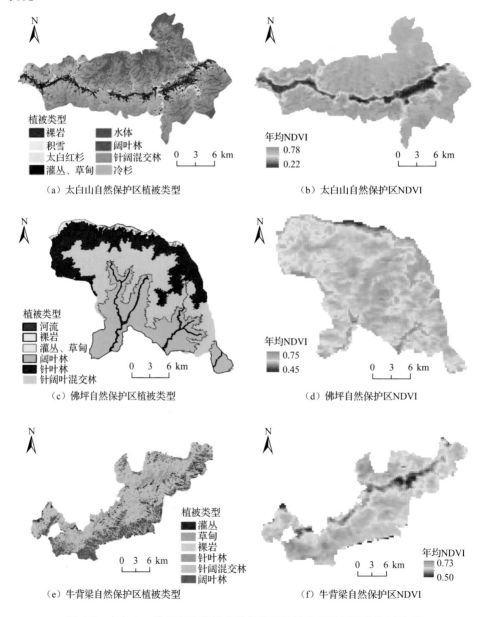

图 4-7　太白山、佛坪和牛背梁自然保护区植被类型及 NDVI 空间分布

表 4-1　太白山、佛坪和牛背梁自然保护区植被类型分布概况

保护区	植被类型	面积/km²	平均海拔/m	最低海拔/m	最高海拔/m	NDVI
太白山	灌丛草甸	17.69	3240	2878	3620	0.43
	太白红杉	58.40	3114	2711	3520	0.48
	冷杉	99.80	2733	2431	3127	0.67
	针阔混交林	327.20	2389	1693	3115	0.66
	阔叶林	56.00	1712	1046	2211	0.65
佛坪	灌丛草甸	7.41	2544	2170	2806	0.65
	针叶林	72.39	2185	1770	2794	0.69
	针阔混交林	101.76	1843	1504	2154	0.72
	阔叶林	92.75	1511	1104	1909	0.71
牛背梁	草甸	11.96	2512	2391	2885	0.61
	灌丛	2.54	2481	2353	2674	0.62
	针叶林	96.77	2337	2074	2621	0.65
	针阔混交林	66.39	2225	1896	2548	0.66
	阔叶林	3.37	1774	1366	2148	0.67

4.2.2　典型自然保护区植被变化差异性

1. 2000～2013 年太白山自然保护区 NDVI 变化趋势

1）2000～2013 年年均 NDVI 时空变化

图 4-8 为太白山保护区 2000～2013 年 NDVI 多年平均变化趋势及 F 检验结果，经统计，呈上升的像元数占总像元的 81%，呈下降的为 19%，平均变化率为 0.13/10a。高海拔区域植被变化相对于保护区整体更剧烈，显著上升区域零散分布于此，大致位于裸岩或灌木转移为太白红杉或其他类型植被的地区；南坡东南部区域呈现出显著下降现象（$P<0.05$）。但绝大部分区域 NDVI 变化率均未达到显著水平。

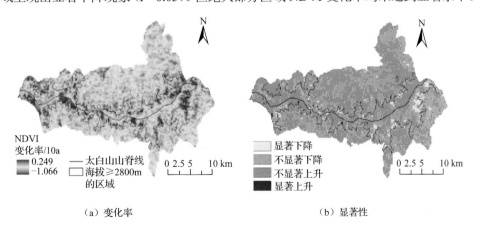

（a）变化率　　　　　　　　　　　　　　　　（b）显著性

图 4-8　太白山保护区 2000～2013 年 NDVI 多年平均变化趋势及 F 检验

2）2000～2013 年四季 NDVI 时空变化

季平均 NDVI 由每个季节三个月 NDVI 平均值计算所得，将多年平均的四季 NDVI 数据根据一元线性回归法在 ArcGIS 中进行栅格计算，统计每个像元在 2000～2013 年的变化率，并进行 F 检验，如图 4-9 所示。可以看出，太白山自然保护区四季植被指数绝大部分呈不显著变化，其中春季和秋季植被指数呈弱上升趋势，而夏季和冬季呈弱下降趋势，春季呈显著上升的像元最多，占总像元数的 2.9%；夏季呈显著下降的像元最多，占总像元数的 2.6%，显著上升和显著下降像元均多分布于高海拔区域，西部以 NDVI 上升占优势，冬季最为突出，而东部以 NDVI 下降占优势，春季最明显。

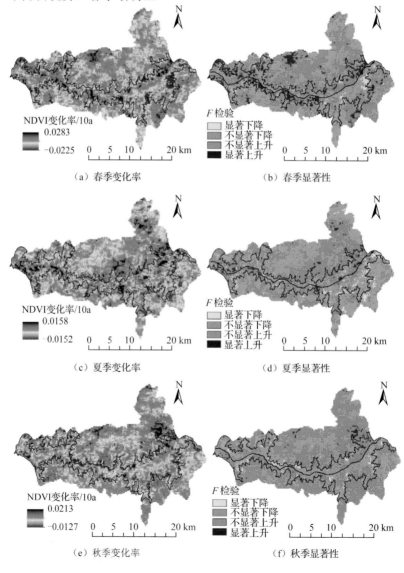

（a）春季变化率　　　　　　　　（b）春季显著性

（c）夏季变化率　　　　　　　　（d）夏季显著性

（e）秋季变化率　　　　　　　　（f）秋季显著性

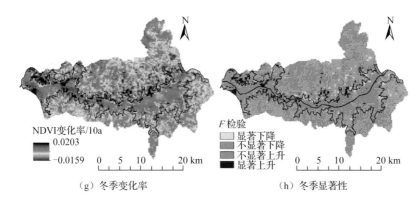

（g）冬季变化率　　　　　　　　　　（h）冬季显著性

图 4-9　太白山保护区季平均 NDVI 变化趋势及 F 检验（刘荣娟等，2015）

2. 2000～2013 年佛坪自然保护区植被指数 NDVI 变化

1）2000～2013 年年均 NDVI 时空变化

为了研究佛坪自然保护区 2000～2013 年年均 NDVI 变化趋势，利用最小二乘法将 2000～2013 年保护区年均 NDVI 重叠，计算得到每个像元上 NDVI 数值的变化率，进而得该研究区 2000～2013 年 NDVI 的变化率空间分布及 F 检验图（图 4-10）。由图 4-10 可知，佛坪自然保护区 NDVI 变化率在 -0.007/10a～0.017/10a，整个保护区的平均变化率为 0.07/10a，表明整个保护区的多年平均变化趋势为正，植被覆盖整体有所增加。为进一步分析佛坪自然保护区年均 NDVI 空间变化趋势，对每个像元的变化率进行 F 检验，重分类为极显著下降、显著下降、不显著变化、显著上升和极显著上升 5 类，并将重分类结果与变化率叠加，分别统计出各级面积所占保护区的比例，发现佛坪自然保护区 15.86% 的区域植被覆盖稳定；59.62% 的区域植被覆盖显著上升；24.52% 的区域植被覆盖显著下降，主要分布在海拔较低的受人类活动影响较为明显的河谷地带。

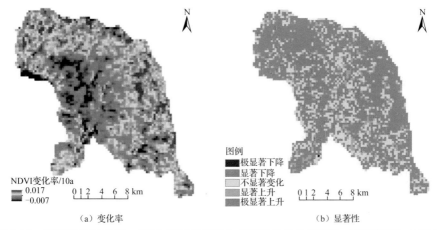

（a）变化率　　　　　　　　　　　（b）显著性

图 4-10　佛坪保护区 2000～2013 年 NDVI 变化率空间分布及 F 检验（魏朝阳等，2015）

2）2000～2013 年四季 NDVI 时空分布与变化

通过计算不同季节 NDVI 每个像元的平均值，得到保护区 2000～2013 年不同季节 NDVI 在空间上的分布，发现佛坪自然保护区春季、夏季、秋季、冬季的植被 NDVI 分布范围分别为 0.42～0.75、0.67～0.90、0.45～0.77 和 0.24～0.66，表明该保护区四季植被覆盖均较好；且不同季节的 NDVI 高值主要分布在佛坪自然保护区内海拔较低的河流谷地，低值主要分布在海拔较高的高山地带。

基于四季 NDVI 空间研究，在 ArcGIS 中计算得该保护区不同季节 NDVI 的变化率及其显著性检验（图 4-11）。由图 4-11 可知，不同季节的植被指数 NDVI 变化率分别为-0.007～0.016、-0.014～0.007、-0.010～0.021 和-0.014～0.021，保护区四季季均 NDVI 变化趋势的地区性差异比较显著，说明 2000～2013 年不同季节的植被指数变化幅度均较大。

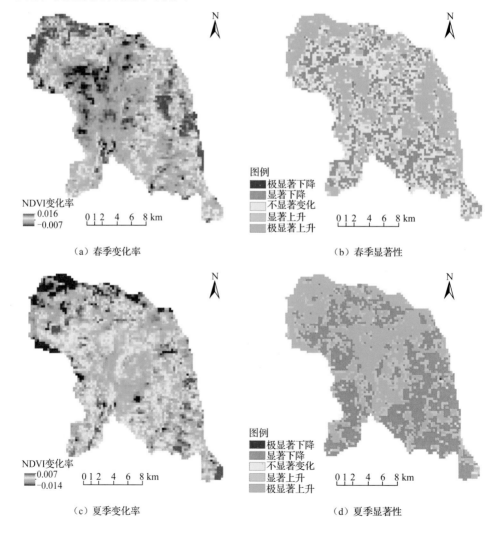

（a）春季变化率　　　　　　　　　　　　（b）春季显著性

（c）夏季变化率　　　　　　　　　　　　（d）夏季显著性

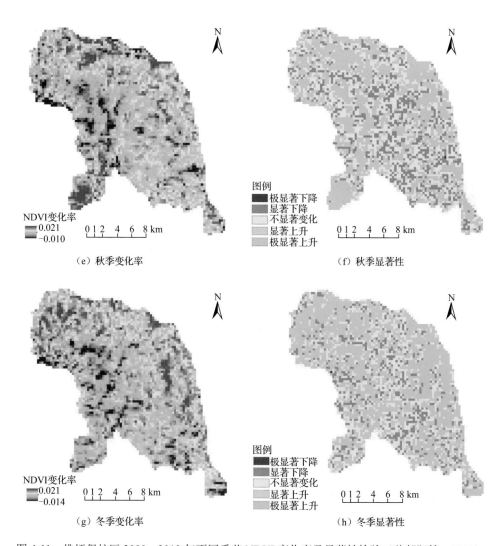

图 4-11　佛坪保护区 2000～2013 年不同季节 NDVI 变化率及显著性检验（魏朝阳等，2015）

　　佛坪保护区 2000～2013 年不同季节 NDVI 变化的显著性分布比例见表 4-2，可以看出，春季植被指数 NDVI 有 42.84%的区域呈显著上升，34.69%的区域显著下降，22.47%的区域基本稳定；夏季呈显著上升的区域占 52.12%，43.55%的区域呈显著下降；秋季 52.49%的区域呈显著上升，29.56%的区域呈显著下降；冬季占 61.79%的区域呈显著上升，占 22.35%的区域呈显著下降。

表 4-2 佛坪保护区 2000～2013 年不同季节 NDVI 变化的显著性分布比例（魏朝阳等，2015）

季节	不显著变化/%	下降		上升	
		极显著占比/%	显著占比/%	极显著占比/%	显著占比/%
春季	22.47	10.53	24.16	21.60	21.24
夏季	4.33	1.21	42.34	12.17	39.95
秋季	17.94	9.66	19.90	27.92	24.57
冬季	15.86	7.20	15.15	33.69	28.10

3. 2000～2013 年牛背梁自然保护区及其相邻区 NDVI 变化

1）2000～2013 年年均 NDVI 时空变化

在年尺度上，牛背梁自然保护区植被 NDVI 变化区域差异明显，见图 4-12。由表 4-3 可知，2000～2013 年该区域植被整体以负向减少为主，轻微退化（L_{slope}<-0.02/10a）的面积达 20124.23hm²，占牛背梁保护区总面积的 48.02%；轻度改善（L_{slope}>0.02/10a）区域的面积所占比例较小，为 11.33%；而 NDVI 基本不变（-0.02/10a≤L_{slope}≤0.02/10a）的面积占 40.64%。

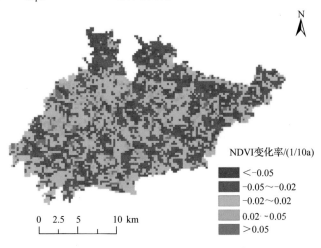

图 4-12 2000～2013 年牛背梁保护区年均 NDVI 空间变化率（冯林林，2016）

2）2000～2013 年四季 NDVI 时空变化

在季尺度上，植被 NDVI 变化的季节差异十分明显，见图 4-13，由表 4-3 可知，退化面积比例春季>夏季>秋季>冬季。春季轻度退化（L_{slope}<-0.02/10a）的面积达到牛背梁保护区总面积的 63.97%，退化现象以该保护区北部最为严重，轻度改善区域（L_{slope}>0.02/10a）的面积比例为 8.45%；夏季植被仍以减少趋势为主，轻度退化区域的面积为 59.97%，轻度改善区域的面积为 8.63%；秋季和冬季 NDVI 轻度改善区域的面积较春、夏季明显增多，分别为 24.44%、35.02%，秋季植被覆盖轻度退化区域所占的面积比例分别为 44.4%，冬季轻度退化面积为 36.03%，略大于轻度改善区域的面积。四季植被指数基本维持不变（$-0.02/10a \leqslant L_{slope} \leqslant 0.02/10a$）的区域面积所占比例分别为 27.58%、31.40%、32.94% 和 28.95%。总的来看，2000～2013 年研究区植被指数 NDVI 变化率较小，春季、夏季和秋季植被变化整体上以轻微退化趋势为主。

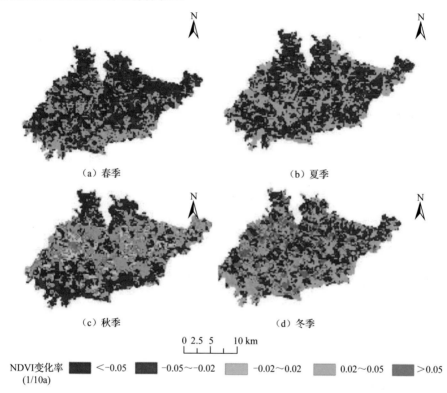

图 4-13　2000～2013 年牛背梁保护区季均 NDVI 空间变化趋势（冯林林等，2016）

表 4-3　2000～2013 年牛背梁保护区年均 NDVI、季均 NDVI 变化　　（冯林林等，2015）

L_{slope} /(1/10a)	年均 NDVI 变化分布情况		四季 NDVI 变化面积占比/%			
	占比/%	面积/hm²	春季	夏季	秋季	冬季
<−0.05	13.92	5833.60	26.51	21.83	18.71	20.24
−0.05～−0.02	34.10	14290.63	37.46	38.14	25.69	15.79
−0.02～0.02	40.64	17031.41	27.58	31.40	32.94	28.95
0.02～0.05	7.50	3143.10	5.36	6.56	15.23	15.85
>0.05	3.83	1605.08	3.09	2.07	9.21	19.17

4. 典型自然保护区 NDVI 变化差异性

年尺度上，太白山自然保护区 NDVI 以不显著增加为主，主要贡献季为春季、秋季；牛背梁保护区 NDVI 以不显著减少为主，主要贡献季为春季、夏季；而佛坪保护区则有 60%以上呈显著性增加，四季均有贡献。即在气候变暖背景下，秦岭山地植被变化存在东西、南北差异，西部山地植被和高海拔区植被以增长为主，而东部山地及中海拔区植被有所退化；较北部保护区植被变化大多呈不显著的增加或减少，而位于秦岭山地南坡的佛坪保护区植被则大多呈显著性增加。

从季尺度看，也表现出区域差异性，春季和秋季，太白山保护区和牛背梁保护区植被 NDVI 呈增加的比例明显高于下降的比例，而夏季植被 NDVI 下降的比例则大于上升的比例，气候变暖、温度升高、生长季延长，对春、秋季植被具有一定的促进作用，而夏季温度升高对山地植被尤其是高山植被有明显的抑制作用；但牛背梁保护区春季、夏季植被 NDVI 呈减少趋势的面积高于秋季。

4.2.3　典型自然保护区对气候变化响应的差异性

1. 太白山保护区植被 NDVI 对气温的响应

1）2000～2013 年太白红杉年均 NDVI 对气温的响应

图 4-14 为太白山保护区年平均 NDVI 与平均气温相关系数空间分布图。对应相关系数检验表，发现太白山年平均气温与 NDVI 呈正相关的像元数占 92.06%，达到显著正相关的像元数占 23.99%；呈负相关的像元数总共有 7.94%，均未达显著。可以看出，太白山绝大部分区域气温对 NDVI 为正影响，结合空间分布图发现西部地区的正影响尤为显著。

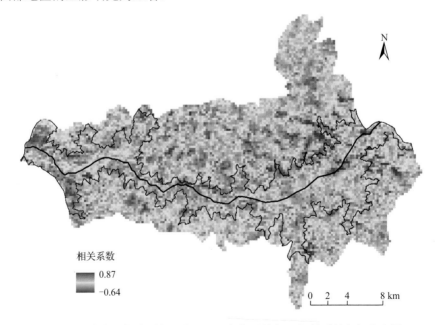

图 4-14　太白山保护区年平均 NDVI 与年平均气温相关系数空间分布图

2）月均 NDVI 对气温的响应

表 4-4 为太白红杉月平均 NDVI 与温度相关性统计结果，其中 1 月、2 月、4 月、5 月气温均对同期的 NDVI 产生显著正影响（$P<0.05$），同时 1 月气温与 3 月 NDVI、4 月气温与 5 月 NDVI 呈显著正相关（$P<0.05$），而 6 月气温及 7 月气温均与 8 月 NDVI 负相关关系，其中 6 月气温对 8 月 NDVI 呈极显著负影响（$P<0.01$）。即气温对太白山保护区的植被生长影响既具同期性，又有 1～2 月的滞后性；另外，发现生长季前期气温对 NDVI 以正影响为主，而生长季中后期气温对 NDVI 的负影响呈现增多的趋势。

表 4-4　太白山保护区月平均 NDVI 与月平均温度相关系数

	月份	NDVI									
		1 月	2 月	3 月	4 月	5 月	6 月	7 月	8 月	9 月	10 月
气温	1 月	0.537*	0.327	0.609*							
	2 月		0.607*	0.010	0.486						
	3 月			0.473	0.249	-0.061					
	4 月				0.530*	0.535*	-0.268				
	5 月					0.561*	0.002	0.114			
	6 月						0.197	0.310	-0.769**		
	7 月							0.078	-0.531*	0.058	
	8 月								0.110	-0.452	-0.201
	9 月									0.418	0.325
	10 月										0.249

注：*表示 $P<0.05$；**表示 $P<0.01$。表 4-5 和表 4-6 同。

2. 2000～2013 年佛坪自然保护区植被指数对气候变化的响应

1）年均 NDVI 与气温的相关性

图 4-15 为 2000～2013 年佛坪自然保护区年均 NDVI 与年均温相关性空间分布图。由图 4-15 可知，保护区年均 NDVI 与年均温的相关系数集中在-0.157～0.281。根据相关系数的显著性差异，将相关系数在空间分布图上进行重分类，统计发现，年均 NDVI 与气温的相关系数空间分布图中所有区域均呈弱相关。

2）生长季月均 NDVI 与气温相关性

气候对植被的影响既有同步效应也有滞后效应，结合前章节研究，2000～2013 年秦岭山地佛坪保护区生长季 4～10 月各月 NDVI 与当月、前一个月和前两个月的气温在 SPSS 中做相关分析，得到生长季内各月 NDVI 与气温的相关系数，见表 4-5。从表 4-5 可以看出，除 10 月外，气温对同期各月 NDVI 均有正影响，其中 4 月 NDVI 与 4 月气温达显著相关，相关系数为 0.627（$P<0.05$）；5 月 NDVI 与 4 月气温相关系数为 0.883（$P<0.01$），达极显著相关，说明 5 月 NDVI 和 4 月

NDVI 与 4 月气温之间的相关性均较强,表明在植被生长季初期,特别是 4 月、5 月,气温升高对植被的生长具有正向促进作用,并表现出 1 个月的滞后,但生长季内其余各月 NDVI 对气温的响应滞后性并不明显。

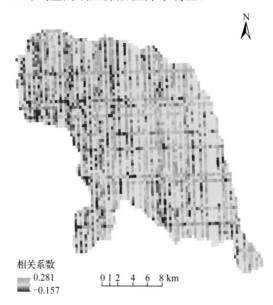

图 4-15　年均 NDVI 与年均温的相关系数空间分布

表 4-5　佛坪保护区 14 年来生长季内各月 NDVI 与气温的相关系数

	月份	NDVI						
		4 月	5 月	6 月	7 月	8 月	9 月	10 月
气温	2 月	0.129						
	3 月	-0.204	-0.092					
	4 月	0.627*	0.883**	-0.115				
	5 月		0.366	-0.114	-0.427			
	6 月			0.271	-0.191	-0.3279		
	7 月				0.455	0.313	-0.063	
	8 月					0.019	-0.600	-0.385
	9 月						0.501	0.292
	10 月							-0.458

　　为分析气温对 NDVI 影响的空间差异性,选择达显著相关的 4 月、5 月 NDVI 与 4 月气温进行相关分析,发现 4 月 NDVI 与 4 月气温的相关系数分布范围在 0.112~0.776,见图 4-16。经统计发现,4 月 NDVI 与 4 月气温呈弱相关的区域占该保护区的 38.6%,呈低度相关的区域占 59.3%,呈显著相关的区域占 2.1%;5

月 NDVI 与 4 月气温的相关系数分布在 0.127～0.900，见图 4-17。5 月 NDVI 与 4 月气温呈弱相关的区域占该保护区的 56.1%，呈低度相关的区域占 39.9%，达显著相关的区域仅占 3.9%。即气温对植被 NDVI 的影响存在空间分布上的差异，4 月气温升高对同期 NDVI 促进作用较强区域主要在较低海拔区，而对滞后 1 个月（5 月）NDVI 促进作用较强区域主要在较高海拔区。

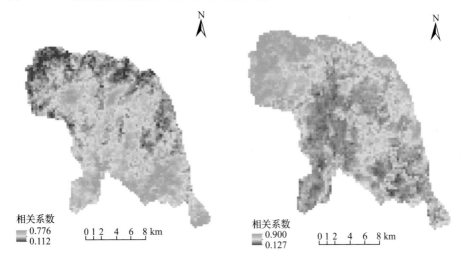

图 4-16　4 月气温与 4 月 NDVI 相关性　　　　图 4-17　4 月气温与 5 月 NDVI 相关性

3. 牛背梁自然保护区及其相邻区植被指数 NDVI 对气温变化的时空响应

1）年均 NDVI 对气温的时空响应

运用 ArcGIS 空间分析模块中的栅格计算器工具，逐像元计算不同时间尺度（年、季、月）上牛背梁保护区植被 NDVI 与气温的相关性空间分布，并依据显著性检验结果对像元进行分类统计。年均 NDVI 与同期气温相关性的空间分布及显著性像元统计如图 4-18 所示。年尺度上，植被 NDVI 与气温呈正相关的像元远大于负相关的像元，呈正相关的像元占该保护区的 96.12%，其中达到显著正相关（$P<0.05$）占 16.71%，主要集中在保护区南部；不显著正相关和不显著负相关的像元分别占 79.41%、3.93%；无显著负相关像元存在，说明在年尺度上，该区域植被 NDVI 整体与气温呈正相关。

2）月均 NDVI 对气温的时空响应

表 4-6 为牛背梁保护区 2000～2013 年逐月 NDVI 与气温的相关系数，可以看出，月均 NDVI 与同期或前 1 个月、2 个月的气温大多为正相关关系，而 6 月、7 月和 10 月 NDVI 与不同时期气温存在负相关，但均未达到显著性水平。除 6 月、10 月外，1～5 月、7～9 月的气温与同期 NDVI 均呈正相关，且 5 月气温与 5 月

NDVI 呈极显著正相关（*P*<0.01），说明在牛背梁自然保护区植被生长期前期与后期，气温对植被的生长具有促进作用，而 6 月的 NDVI 易受到前期及当期高温的抑制作用，且气温滞后影响不明显。

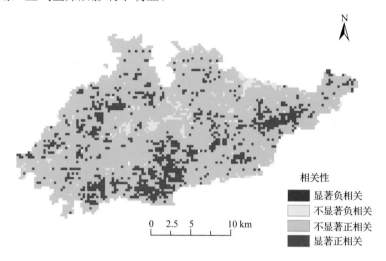

图 4-18　2000～2013 年年均 NDVI 与气温的相关性空间分布

表 4-6　牛背梁保护区 2000～2013 年逐月 NDVI 与气温的相关系数

月份	NDVI									
	1 月	2 月	3 月	4 月	5 月	6 月	7 月	8 月	9 月	10 月
1 月	0.413	0.101	0.399							
2 月		0.422	0.474	0.214						
3 月			0.245	0.522	0.166					
4 月				0.078	0.211	-0.521				
气温 5 月					0.772[**]	0.054	-0.253			
6 月						-0.220	-0.314	0.047		
7 月							0.246	0.385	0.289	
8 月								0.199	0.328	-0.067
9 月									0.481	-0.072
10 月										-0.254

图 4-19 为 2000～2013 年牛背梁保护区逐月（3～11 月）植被 NDVI 与气温相关性的空间分布图，根据相关性等级统计像元比例得到表 4-7。由表 4-7 可知，3～5 月各月 NDVI 与气温呈正相关的像元均大于呈负相关的像元，分别为 70.76%、51.30%、94.67%。其中，3 月和 4 月呈显著正相关的像元仅为 5.85%、3.64%，空间上表现为 3 月呈显著正相关的像元主要沿山脊线呈狭长分布；4 月呈显著正相关的像元主要集中在南北部边缘地带，进一步说明 3～4 月 NDVI 整体受气温正向

影响；5 月植被 NDVI 与气温呈显著正相关的像元数占全区域的 52.15%，主要分布在中高海拔地区，可见 5 月 NDVI 与气温的极显著正相关关系是导致整个春季植被 NDVI 与气温呈显著正相关的主要原因。

6～9 月各月植被 NDVI 与气温的关系并不一致，6 月份 NDVI 与气温主体呈负相关，负相关像元比例为 72.09%，达到显著负相关（$P<0.05$）的像元为 3.46%；7 月 NDVI 与气温主体呈正相关，正相关像元比例分别为 73%，但呈显著正相关的只有 6.01%；8 月植被 NDVI 受气温影响较弱，呈正相关的像元比例为 51.84%，负相关像元比例为 47.87%，达到显著正、负的像元比例分别为 1.89%、0.77%；9 月份 NDVI 与气温正相关像元占全区域的 82.23%，其中呈显著正相关的像元为 4.71%。10 月二者呈负相关的像元达 77.36%，但通过显著性检验的仅为 4.27%。

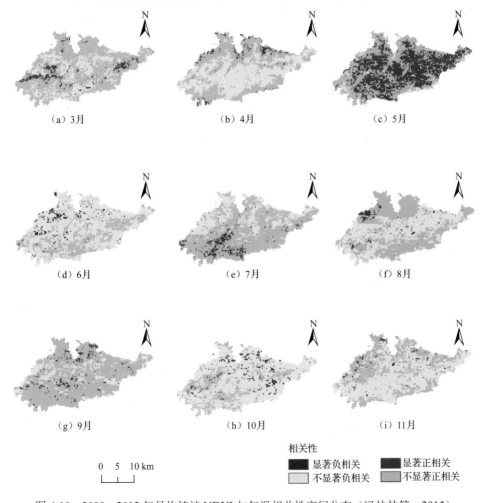

图 4-19　2000～2013 年月均植被 NDVI 与气温相关性空间分布（冯林林等，2015）

表 4-7　3～11 月植被 NDVI 与气温的相关关系统计

相关性分级	像元占比/%								
	3 月	4 月	5 月	6 月	7 月	8 月	9 月	10 月	11 月
显著负相关(-1<R<-0.53)	0.38	0.00	0.08	3.46	0.15	0.77	0.23	4.27	1.29
不显著负相关(-0.53≤R<0)	28.54	48.67	5.17	68.64	26.50	47.10	17.46	73.09	60.46
不显著正相关(0<R≤0.53)	64.91	47.66	42.52	27.38	66.98	49.95	77.52	21.65	37.13
显著正相关(0.53<R<1)	5.85	3.64	52.15	0.33	6.01	1.89	4.71	0.70	0.88
负像元（总计）	28.92	48.67	5.25	72.10	27.65	47.87	17.69	77.36	61.75
正像元（总计）	70.76	51.30	94.67	27.71	72.99	51.84	82.23	22.35	38.01

4.3　典型林线区植被指数对气候变化的响应

4.3.1　典型林线样区 NDVI 及气温、降水变化趋势

林线区域海拔高、人为活动影响小，可以最大限度地排除人为活动的影响，是揭示气候变化对植被影响的理想场所。图 4-20 为太白山、牛背梁、冰晶顶典型林线区所处地理位置，根据 30m×30m 遥感影像监督分类获得太白山、牛背梁、冰晶顶等典型林线区域的范围边界，采用分区统计的方法，基于秦岭山地逐年气温、降水空间插值数据集以及 NDVI 数据集，分别提取出各典型林线区域 1998～2015 年 NDVI、气温及降水资料。

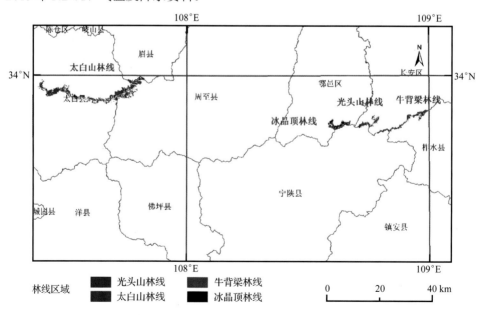

图 4-20　秦岭林线分布图和林线样区区位

图 4-21 为 1998~2015 年各林线样区生长季 NDVI 均值变化趋势，三个典型林线区域生长季 NDVI 均呈显著上升趋势，其中太白山 1998~2015 年生长季 NDVI 变化率为 0.041/10a、牛背梁为 0.054/10a、冰晶顶为 0.038/10a，说明秦岭山地典型林线样区 1998~2015 年植被活动增强。

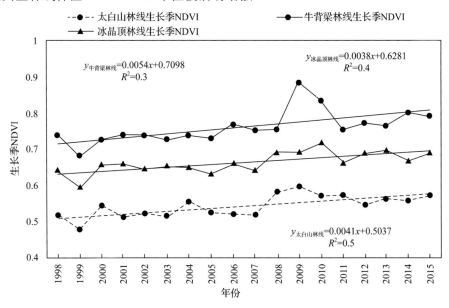

图 4-21　1998~2015 年典型林线样区生长季 NDVI 变化趋势

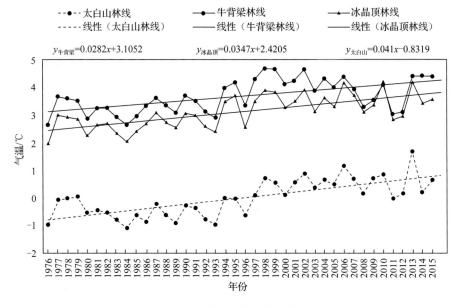

图 4-22　1998~2015 典型林线样区年均气温变化趋势

图 4-22 和图 4-23 为太白山、牛背梁、冰晶顶林线区气温和降水量变化趋势。由图 4-22 可知，1998～2015 年三个典型林线区气温均呈升高趋势，气温变化率分别为 0.428℃/10a、0.275℃/10a、0.362℃/10a，其中太白山林线区域气温升高最为明显，2013 年太白山林线区域气温达到 17 年中最高值。从降水量变化趋势看（图 4-23），三个林线区的年降水量呈现不显著增加趋势，其变化率分别为 189.26mm/10a、113.37mm/10a、117.60mm/10a，太白山林线区域降水增高程度明显高于其他林线区域。

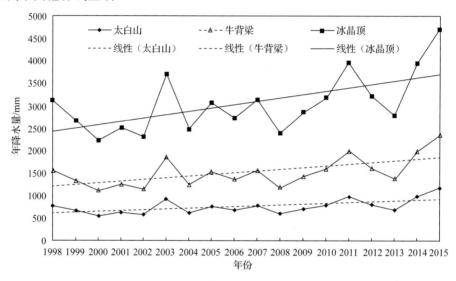

图 4-23　1998～2015 典型林线样区年降水量变化趋势

4.3.2　典型林线样区 NDVI 对气温的响应及滞后性

由 4.1.2 小节和 4.2.3 小节可知，受人为活动及海拔等影响，秦岭山地植被对气候变化响应存在着明显的空间差异和人为干扰，林线为树木分布上线，受人为干扰较少，许多高海拔与高纬度地区的生态系统与气候变化研究结果也显示，高山林线区域植被变化的主要限制因子是气温和降水。

图 4-24 为典型林线区的年、季和各月 NDVI 与不同时段气温的相关性，可以看出，太白山、牛背梁和冰晶顶典型林线区年 NDVI 与年均温均为负相关关系，但均未达显著性水平；其关键月份分别为 5 月、8 月和 4 月，年 NDVI 与这些月的月均温均达到了显著相关。但在季尺度上，太白山和冰晶顶典型林线区植被对春季气温变化更敏感，春季温度升高有可能导致年 NDVI 降低，特别是位于高海拔区的太白山林线区，如 4～6 月气温与年 NDVI 均存在较强的负相关性；而低海拔区夏季气温，特别是 8 月气温升高可能抑制植被生长。各林线区月 NDVI 受同期月均温影响并存在差异，在高海拔区林线区二者均未达显著性水平，但在低海

拔区存在 1~2 个月的气温滞后影响效应。

气温对植被的滞后影响效应还表现在前一年冬季气温对当年植被的影响上，见图 4-25，前一年 10 月高温与来年植被 NDVI 大多为正相关关系，在太白山林线区二者多为显著或极显著正相关，其原因可能与前一年生长期后期温度升高对土壤养分的累积、分解和植物根系系统生理活动等产生影响有关，导致来年植被生长良好，这一现象有待进一步研究。而 11 月和 12 月气温与来年植被 NDVI 大多达显著性负相关，特别是太白山林线区植被整个生长期几乎均受到前一年 11 月和12 月气温的显著负作用影响，说明 11 月和 12 月高温不利于来年林线区植被生长，即冬季气温升高可能会影响来年林线区植被，虽然太白山和牛背梁林线所处的海拔高度和林线树种均不相同，但却表现出对气温响应的这种相同趋势，值得注意与深入探究。

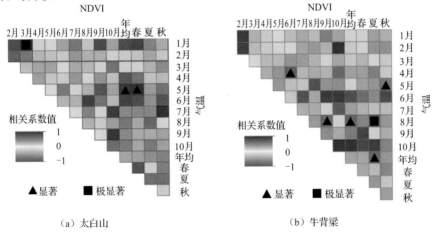

（a）太白山　　　　　　　　　　　　　　　（b）牛背梁

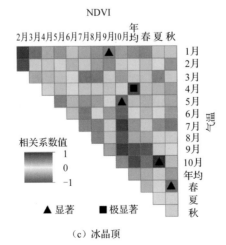

（c）冰晶顶

图 4-24　当年 NDVI 与气温相关系数图

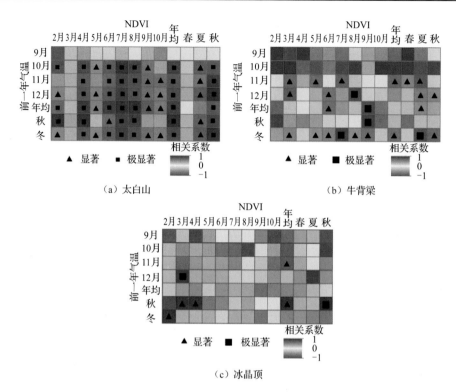

图 4-25　前一年气温与当年 NDVI 相关性（马新萍，2015）

　　由以上分析可知，典型林线区年 NDVI 与年均温均为负相关关系、与春季气温也存在较强负相关性、与前一年 11 月和 12 月气温大多达显著性负相关，特别是太白山林线区植被整个生长期几乎均受到前一年 11 月和 12 月气温的显著负作用影响。2.2.3 小节中关于 1959～2015 年秦岭山地四季气温倾向率及显著性检验研究表明，除夏季外，春季、秋季、冬季三季气温几乎全区域表现为上升趋势，增温最明显的季节为春季和冬季，秋季次之；从空间分析看，太白山、牛背梁和冰晶顶典型林线区均处于春季、秋季、冬季季气温极显著上升区。说明 1959～2015 年气温升高已显著影响到太白山、牛背梁和冰晶顶典型林线区植被生长。

4.3.3　典型林线样区 NDVI 对降水变化响应的差异性

　　图 4-26 和图 4-27 为典型林线区的年、季和各月 NDVI 与不同时段降水的相关性，可以看出，太白山、牛背梁和冰晶顶典型林线区年 NDVI 与年降水均为正相关关系。其中，牛背梁、冰晶顶林线区年 NDVI 与年降水量均达到了显著性正相关，表明年降水丰富有利于林线区植被生长；除生长季后期外，各月 NDVI 与月降水大多为正相关关系，特别是太白山、牛背梁和冰晶顶林线区植被对春季降水变化敏感，春季降水量增多有利于植被 NDVI 升高。例如，位于秦岭山地东部的牛背梁林线区，其关键月为 3 月，月 NDVI 与各时段降水大多达到了显著性正

相关水平。太白山林线区 6 月降水与 6 月 NDVI、牛背梁林线区 5 月降水与 5 月 NDVI 呈显著正相关关系，即春季林线区植被对气候变化的敏感性也表现在降水的同期效应上；但降水对植被影响的滞后效应并没有表现出很强的规律性。

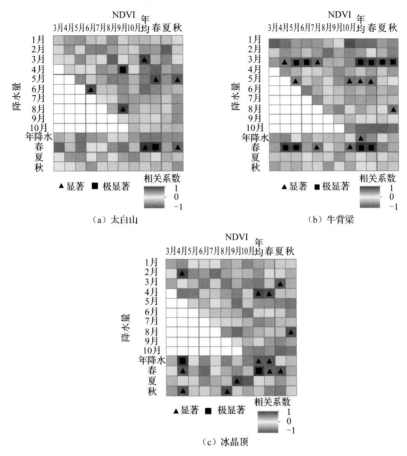

图 4-26　林线区域当年各时段降水量与 NDVI 相关性（马新萍等，2015）

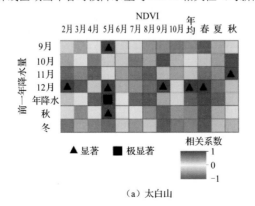

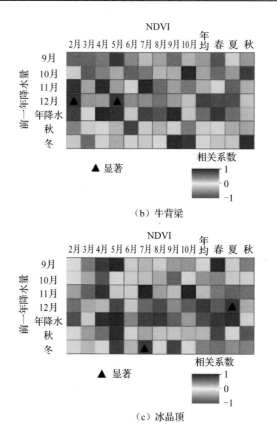

（b）牛背梁

（c）冰晶顶

图 4-27　林线区域前一年各时段降水量与当年 NDVI 相关性（马新萍等，2015）

4.3.4　2000~2013 年气候因子对太白红杉 NDVI 的综合影响

基于气温、降水和干燥指数等 21 个变量采用逐步回归分析方法，筛选变量因子，建立多元回归模型拟合 2000~2013 年的 NDVI。首先建立因变量 NDVI 与自变量之间的关系总回归方程，再对每一个变量进行假设检验。当某一个变量对因变量 NDVI 影响不显著时，将其剔除，重复对每一个变量进行检测，最终筛选出对因变量有显著影响的因子，建立回归方程。本节选取 21 个变量，包括年平均气温、年平均降水量、年干燥指数等，在 SPSS 逐步回归模型的方差分析中，若 P 值（显著水平）低于 0.05，表示回归分析达到显著水平，若 P 值低于 0.01，回归分析达到极显著水平。

通过上述过程选择出对 NDVI 的影响达到显著性水平的变量，分别是 X_3（年平均气温）、X_7（4 月平均气温）、X_5（年干燥指数）和 X_{10}（7 月平均气温），得到拟合方程：

$$Y = 0.36 + 0.656X_3 - 0.01X_7 - 1.812X_5 + 0.009X_{10} \qquad (4\text{-}1)$$

表 4-8 中每个系数的显著水平大多低于 0.01，说明此方程的可信度达到 99%以上。将拟合方程获得的 NDVI 序列与真实 NDVI 序列进行相关性分析，其相关系数为 0.996（$P<0.01$），因此该方程是可信的。

表 4-8　逐步回归法回归方程系数（刘荣娟，2016）

模型		非标准的回归系数		标准的回归系数	t	P
		B	标准误差	Beta		
1	常数	0.441	0.010	—	43.648	0.000
	年平均气温	0.025	0.010	0.573	2.423	0.032
2	常数	0.479	0.016	—	29.599	0.000
	年平均气温	0.026	0.008	0.591	3.104	0.010
	4 月平均气温	-0.008	0.003	-0.522	-2.741	0.019
3	常数	0.489	0.012	—	42.215	0.000
	年平均气温	0.447	0.118	10.084	3.793	0.004
	4 月平均气温	-0.010	0.002	-0.663	-4.801	0.001
	年干燥指数	-1.202	0.336	-9.501	-3.575	0.005
4	常数	0.360	0.035	—	10.403	0.000
	年平均气温	0.656	0.094	14.786	6.946	0.000
	4 月平均气温	-0.010	0.001	-0.668	-7.412	0.000
	年干燥指数	-1.812	0.272	-14.326	-6.673	0.000
	7 月平均气温	0.009	0.002	0.429	3.809	0.004

从回归方程可以看出，太白红杉 NDVI 受降水的影响未达到显著，与 X_3（年平均气温）和 X_{10}（7 月平均气温）呈显著正相关，与 X_5（年干燥指数）呈显著负相关。

值得注意的是，太白红杉 NDVI 与 4 月平均气温（X_7）呈负相关，4 月属于春季，这个时期的温度是影响植被生长的重要因子，但是秦岭地区气候具有明显的春旱特征，2000～2013 年春季降水下降速度较快，但气温呈显著上升趋势；且 55 年来 4 月平均降水量仅为 26.21mm，5 月份增加至 85.59mm，4 月份的暖干化趋势尤其明显。表明秦岭地区的春季干暖化已影响到太白红杉生长。

4.4　本　章　小　结

（1）1982～2015 年秦岭山地植被 NDVI 有 94.3%呈显著上升趋势，并于 2005年发生上升突变；较高海拔区的植被 NDVI 上升主要是受气候变暖的显著影响，而低海拔区 NDVI 上升则是气候和人为综合作用的结果。

1982～2015 年秦岭山地 NDVI 整体表现为上升趋势，不显著上升的区域仅为

5.7%，呈显著上升的区域基本集中在南坡大面积的山区内和高海拔区，即气候变暖对这些区域的植被生态系统产生了显著的促进作用；而秦岭山地 NDVI 突变点发生在 2005 年与南北坡气温突变点（1997 年和 1994 年）表现并不一致，表明植被对气温变化存在滞后效应，也说明秦岭山地低海拔区 NDVI 升高，应该是气候变化和人为活动耦合作用的结果。

（2）秦岭山地植被对气温变化的敏感度高于降水；空间分析发现当 7 月均温低于（22±0.50）℃时，气温升高促进植被生长，年最大 NDVI 上升，而当气温高于这一阈值时，植被生长则会受到抑制。

经空间分析知，秦岭南坡 7 月气温与年最大 NDVI 显著正相关像元所占百分比呈先增后减的趋势，至 21.50℃左右时达到最大值，超过 21.50℃时，显著正相关的像元数开始减少，至 22.50℃时呈正相关的像元数则急剧减少，因此（22±0.50）℃是二者相关性发生变化的一个转折点，这之前气温升高会促进植被的生长，而当气温高于这一阈值时，植被的生长会受到抑制。

（3）太白山、牛背梁和佛坪自然保护区由于区位和植被类型等的差异，植被变化存在东西、南北差异性，植被 NDVI 对气温的响应也存在区域差异性。

太白山自然保护区年均 NDVI 以不显著增加为主，牛背梁保护区年均 NDVI 以不显著减少为主，而佛坪保护区则有 60%以上呈显著增加。太白山绝大部分区域气温对 NDVI 为正影响，尤以西部显著；佛坪自然保护区植被 NDVI 对 4 月气温变化较为敏感，在较低海拔区存在同期正影响，而在较高海拔区对 5 月 NDVI 表现为滞后正效应；牛背梁植被 NDVI 与气温呈正相关的像元占到 96.12%，但 6 月的 NDVI 易受到前期及当期高温的抑制作用。

（4）2000～2013 年气温对太白红杉的影响大于降水，且春季干暖化已影响了太白红杉的生长。

太白红杉 NDVI 受降水的影响未达到显著性，但与年平均气温及 7 月均温均呈显著正相关，而与年干燥指数及 4 月均温均呈显著负相关，其回归模型为

$$Y_{NDVI} = 0.36 + 0.656X_{年均温} - 0.01X_{4月均温} - 1.812X_{年干燥指数} + 0.009X_{7月均温} \qquad (4\text{-}2)$$

研究表明，秦岭地区的春季干暖化已影响到太白山林线树种太白红杉。

参 考 文 献

冯林林, 2016. 秦岭中高山区植被对气候变化时空响应研究[D]. 西安: 西北大学.

冯林林, 白红英, 马新萍, 等, 2016. 秦岭牛背梁植被覆盖变化及其对气温的时空响应[J]. 水土保持通报, 36(2): 93-98.

黄晓月, 白红英, 苏凯, 等, 2017. 秦岭太白红杉对气温变化的响应及其机理[J]. 生态学杂志, 36(7): 1832-1840.

刘荣娟, 2016. 气候变化背景下秦岭太白红杉的时空响应[D]. 西安:西北大学.

马新萍, 2015. 秦岭林线及其对气候变化的响应[D]. 西安:西北大学.

马新萍, 白红英, 贺映娜, 等, 2015. 基于 NDVI 的秦岭山地植被遥感物候及其与气温的响应关系——以陕西境内为例[J]. 地理科学, 35(12): 1616-1621.

吴秀臣, 裴婷婷, 李小雁, 等, 2016. 树木生长对气候变化的响应研究进展[J]. 北京师范大学学报: 自然科学版, 52(1): 109-116.

魏朝阳, 2016. 秦岭佛坪自然保护区植被变化及其对气候变化的响应研究[D]. 西安: 西北大学.

王亚锋, 2012, 梁尔源. 树线波动与气候变化研究进展[J]. 地球环境学报, 3(3): 855-861.

曾令兵, 2012. 祁连山中段高山林线交错区动态与气候变化的关系[D]. 北京: 北京林业大学.

张立杰, 2012, 刘鹄. 祁连山林线区域青海云杉种群对气候变化的响应[J]. 林业科学, 48(1):18-21.

ICHII K, KAWABATA A, YAMAGUCHI Y, 2002. Global correlation analysis for NDVI and climatic variables and NDVI trends: 1982-1990[J]. International Journal Remote Sensing, 23(18): 3873-3878.

MYVENI R B, KEELIVG C D, TUCKER C J, et al., 1997. Increased plant growth in northern high latitudes from 1981 to 1999[J]. Nature, 386 (6626): 689-702.

第5章 秦岭山地植物物候变化与区域气候变化

物候是受环境影响而出现的以年为周期的自然现象（竺可桢，1973；张福春，1985），是记录全球环境变化最直接和最有效的证据（葛全胜等，2010），对全球气候波动非常敏感，是生物圈对气候变暖反应最敏感和最明显的指示（莫非等，2011；方修琦等，2002）。物候现象不仅能反映自然季节的变化，还能指示生态系统对全球环境变化的响应和适应，因而也被视为大自然的"语言"和全球变化的"诊断指纹"（Root et al.，2003；Schwartz et al.，1994；竺可桢，1973），已成为全球变化研究重点关注对象及全球气候评价与自然环境变化的重要指标（Orlandi et al.，2005；Donnelly et al.，2004；Menzel，2002）。

气候系统的暖化已毋庸置疑，大量研究表明，随着气候暖化，许多物候现象发生了明显变化。近几十年来，持续增温使得北半球不同区域植物春季物候呈提前趋势，秋季物候呈推迟趋势，生长期呈延长趋势。大量研究也表明，全球及中国的植物物候表现出与气候变暖协同变化的特征且存在区域差异（葛全胜等，2015；Cleland et al.，2007；方修琦等，2002）。

秦岭被称为中国地理的自然标识，是我国南北地理分界线与气候分界线，中部地区生态环境的过渡地带，也是气候变化区域响应的敏感区（周旗等，2011；刘洪斌等，2000）。1959～2009 年，秦岭地区气温上升趋势显著，20 世纪 80 年代以来尤为明显（白红英，2012）。在全球变暖的背景下，随着气候变化，50 多年来秦岭地区植物物候正在发生着怎样的变化？物候始期与末期是否提前或推迟？区域性特征是什么？对气候变化的响应过程怎样？林线树种又发生了怎样的时空变化？回答这些问题对于揭示秦岭地区植被-气候相互作用机制、监测生态系统对全球环境变化的响应程度均有重要意义。

5.1 1964～2015 年秦岭地区植物物候变化特征

5.1.1 秦岭地区生物气候概况及观测资料

1. 数据源与生物气候图解

研究所用 32 个气象台站 1959～2015 年逐月平均气温与降水量数据源于中国气象资料科学共享服务网（http://data.cma.cn）、陕西省气象局和西安市气象局，用于分析秦岭地区的气候特征和水热条件。所采用的逐日平均气温、降水量、日照时数等气象资料是与物候观测站临近的气象台站西安站 1964～2015 年的资料，来源于中国气象资料科学共享服务网（www.geodata.cn）和西安市气象局。

由气象资料得秦岭 1959～2015 年生物气候图解（图 5-1）。由图 5-1 可知，1959～2015 年月均温度曲线在下，月均降水曲线在上，即从月均气温、降水来看，研究区全年处于相对湿润期，且雨热同步，7～9 月月降水量均在 100mm 以上，秦岭地区水热组合条件较好，气候湿润，有利于植物生长。但四季差异明显，据 32 个气象站的资料统计，研究区内年均温为 13.1℃，最热月 7 月均温为 24.9℃，最冷月 1 月均温为 0.5℃；年均降水量为 758.57mm。

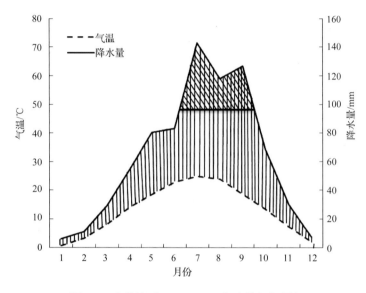

图 5-1　秦岭地区 1959～2015 年生物气候图解

2. 地面物候观测树种选取

受秦岭地区地面物候观测站缺少的限制，本章主要采用中国物候观测网中秦岭区域内唯一的观测连续且时间较长的西安站 1964～2015 年物候观测数据，数据源于国家地球系统科学数据共享平台（http://www.geodata.cn）及西安植物园，咸阳站、武功站、渭南站、商洛站、安康站、城固站的物候数据源于陕西省气象局。筛选出研究区内分布广泛且记录完善、时间序列长又可代表秦岭地区气候特征的 7 种木本植物（毛白杨、山桃、紫荆、垂柳、构树、刺槐、桑树）作为研究对象；同时考虑到物候变化可能存在空间差异性，又收集了 20 世纪 80 年代后建立的物候观测站中记录时间序列相对较长的 10 个树种资料，共计 17 个树种，见表 5-1。

采用年序日（day of year，DOY）表示物候期出现的时间，即以当年 1 月 1 日开始的年序列累计天数，得到物候期的时间序列，以此计算物候期提前或推迟的天数。在物候期的选取上，为了与后期研究以遥感监测所表征的生长期始期（返青期）和末期（枯黄期）相对应，将"展叶盛期"作为研究的"物候始期"，"叶全部变色期"作为研究的"物候末期"，从始期开始至末期结束的时间长度为"物候生长期"。此外，泡桐因属于先开花后展叶植物，故将"开花盛期"作为其"物候始期"。

表 5-1　秦岭地区物候研究主要观测树种

树种	类型	叶寿命	生活型	观测地	测站经纬度	测站海拔/m	时间段
毛白杨	本地种	落叶	乔木	西安	34.3°N，108.93°E	438	1964～2015 年
山 桃	本地种	落叶	乔木	西安	34.3°N，108.93°E	438	1964～2015 年
紫 荆	本地种	落叶	灌木或小乔木	西安	34.3°N，108.93°E	438	1964～2015 年
垂 柳	本地种	落叶	乔木	西安	34.3°N，108.93°E	438	1964～2015 年
构 树	本地种	落叶	乔木	西安	34.3°N，108.93°E	438	1964～2015 年
刺 槐	引进种	落叶	乔木	西安	34.3°N，108.93°E	438	1964～2015 年
桑 树	本地种	落叶	灌木或小乔木	西安	34.3°N，108.93°E	438	1964～2015 年
银 杏	本地种	落叶	乔木	西安	34.3°N，108.93°E	438	1984～2015 年
核 桃	本地种	落叶	乔木	西安	34.3°N，108.93°E	438	1982～2015 年
毛黄栌	本地种	落叶	灌木或小乔木	西安	34.3°N，108.93°E	438	1988～2015 年
栓皮栎	本地种	落叶	乔木	西安	34.3°N，108.93°E	438	1997～2015 年
泡 桐	本地种	落叶	乔木	咸阳	34.4°N，108.72°E	472.8	1984～2015 年
小叶杨	本地种	落叶	乔木	武功	34.25°N，108.22°E	447.8	1985～2015 年
楝 树	引进种	落叶	乔木	渭南	34.52°N，109.48°E	349.8	1990～2015 年
垂 柳*	引进种	落叶	乔木	安康	32.72°N，109.03°E	290.8	1982～2008 年
核 桃*	本地种	落叶	乔木	商洛	33.87°N，109.97°E	742.2	1982～2015 年
葡 萄	引进种	落叶	藤本	城固	33.17°N，107.33°E	486.4	1991～2015 年

注：核桃与垂柳带*为南坡树种，不带*为北坡树种。

5.1.2　1964～2015 年秦岭地区植物物候的变化特征与突变

1. 植物物候变化特征

图 5-2 为 1964～2015 年物候始期与末期的变化趋势。由图 5-2 和表 5-2 可知，1964～2015 年，7 种木本植物无论是物候始期还是末期，其变化趋势均较一致，物候始期提前，平均提前 1.2d/10a（$P<0.05$）；物候末期推迟，平均推迟 3.5d/10a（$P<0.01$）。即 1964～2015 年秦岭地区物候生长期延长，且物候末期的推迟趋势较始期的提前趋势表现更为显著，变化速率更快。

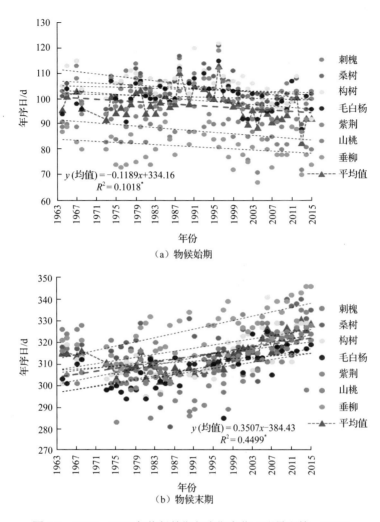

图 5-2　1964～2015 年物候始期与末期变化（邓晨晖等，2017）

表 5-2　1964～2015 年物候始末期变化趋势

树种	物候始期		物候末期	
	趋势	R^2 及显著性	趋势	R^2 及显著性
刺　槐	$y = -0.1050x + 313.33$	0.072	$y = 0.1511x + 10.48$	0.071
桑　树	$y = -0.0538x + 210.84$	0.014	$y = 0.3621x - 403.47$	0.178[**]
构　树	$y = -0.2262x + 555.58$	0.238[**]	$y = 0.4387x - 560.52$	0.389[**]
毛白杨	$y = -0.0486x + 197.58$	0.015	$y = 0.3887x - 466.09$	0.424[**]
紫　荆	$y = -0.1411x + 380.46$	0.091[*]	$y = 0.3472x - 384.62$	0.283[**]
山　桃	$y = -0.1527x + 391.42$	0.091[*]	$y = 0.2740x - 232.00$	0.103[*]
垂　柳	$y = -0.1049x + 289.94$	0.054	$y = 0.4928x - 654.81$	0.547[**]

注：*表示 $P<0.05$；**表示 $P<0.01$。表 5-2～表 5-13 同。

7 个树种物候始期发生于第 67～122 天（3～4 月），物候末期发生于第 281～346 天（9 月中旬～12 月上旬）。物候始期，构树的变化速率达极显著-2.3d/10a（P<0.01），紫荆和山桃达到了显著性变化，其他树种的变化均不显著；物候末期，除刺槐外，其他树种均呈显著或极显著变化，尤以垂柳变化速率最大 4.9d/10a（P<0.01）。

2. 植物物候突变判定

图 5-3 为 1964～2015 年 7 个树种物候始期均值与末期均值的二项式拟合曲线与斜率线变化趋势，52 年里各树种物候始期均值与末期均值随时间变化呈朝向相反的二次抛物线形式，表明物候始末期变化存在一个转折点。

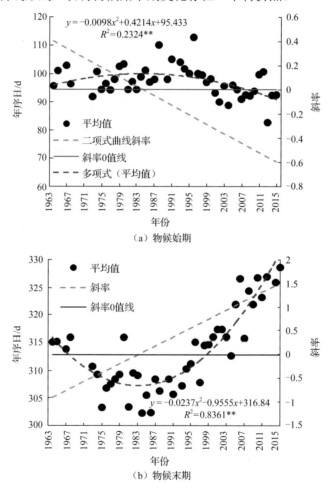

图 5-3　1964～2015 年物候始期均值与末期均值变化及曲率（邓晨晖等，2017）

由图 5-3 可知，物候始期的突变年份发生于 1985 年，末期的突变年份发生于 1984 年。通过对每一个树种物候期的二项式曲线进行一阶求导发现，各树种的突变年份各不相同，除垂柳的突变发生于 20 世纪 70 年代末外，其他树种均发生于 80 年代，这与以往研究气温突变结论"通过阶段性分析和滑动平均方法得到全国年均温变化的转折时间 1984 年"较为一致（王少鹏等，2010；丁一汇等，2007；任国玉等，2005；陈隆勋等，2004）。由 2.2.2 小节可知，秦岭山地南北坡均存在十分明显的增温突变点，南坡为 1997 年前后，北坡为 1994 年前后，表明植物物候对气候变化更为敏感。

5.1.3　物候突变前后植物物候的特征变化

1. 突变之前植物物候的变化特征

图 5-4 为突变前物候始末期的变化趋势。由图 5-4 和表 5-3 可知，1963～1985 年，物候始期，7 个树种中垂柳、山桃、构树、刺槐呈不明显的下降趋势，其他树种呈不明显的上升趋势，即突变前物候始期变化均未达到显著；物候末期，各树种均呈不同程度的提前趋势，其中山桃和刺槐达到了极显著，桑树达到了显著，突变前 7 个树种物候末期均值呈显著的提前趋势，提前速率 4.6d/10a（$P<0.01$）。

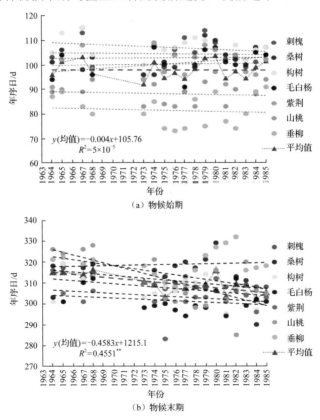

图 5-4　1964～1985 年物候始期与末期变化（邓晨晖，2017）

表 5-3　1964～1985 年物候始末期变化趋势

树种	物候始期		物候末期	
	变化趋势	R^2 及显著性	变化趋势	R^2 及显著性
刺槐	$y = -0.0332x + 170.05$	0.0018	$y = -0.4260x + 1152.7$	0.4765**
桑树	$y = 0.0182x + 66.977$	0.0004	$y = -0.7252x + 1746.8$	0.2450*
构树	$y = -0.1749x + 452.61$	0.0834	$y = -0.3804x + 1059.0$	0.1488
毛白杨	$y = 0.2830x - 458.59$	0.1519	$y = -0.2166x + 729.38$	0.0673
紫荆	$y = 0.0457x + 10.075$	0.0028	$y = -0.2645x + 826.15$	0.0614
山桃	$y = -0.0743x + 235.19$	0.0102	$y = -1.2748x + 2836.7$	0.4617**
垂柳	$y = -0.0923x + 264.01$	0.0095	$y = 0.0830x + 154.87$	0.0068

2. 突变之后植物物候的变化特征

图 5-5 为突变后物候始末期的变化趋势。由图 5-5 和表 5-4 可知，物候始期，7 个树种均呈极显著的提前趋势，平均提前 4.3d/10a（$P<0.01$）；物候末期均呈极显著的推迟趋势，平均推迟 8.4d/10a（$P<0.01$）。即突变后的 31 年间，物候生长期延长，末期由突变前的提前趋势转变为极显著的推迟趋势，且变化速率和显著性均高于始期。

物候始期，展叶最晚的构树与最早的垂柳在 1985 年相差 26d，到 2015 年相差 21d，二者展叶期 31 年间缩短了 5d；物候末期，叶全变色最晚的垂柳与最早的紫荆在 1985 年相差 26d，到 2015 年相差 18d，二者叶全变色期 31 年间缩短了 8d。表明，突变后，随着气候变暖，植物对气候的感应趋于一致，始期和末期变化均表现出"趋同效应"。

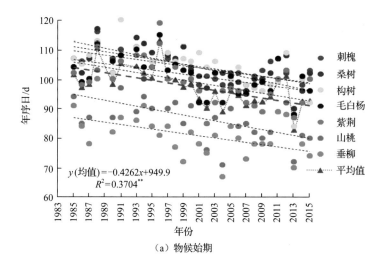

（a）物候始期

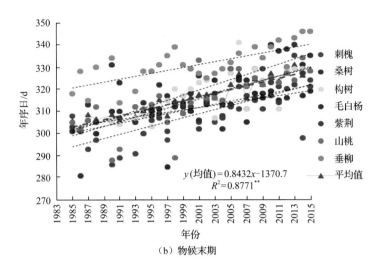

（b）物候末期

图 5-5　1985～2015 年物候始期与末期变化（邓晨晖等，2017）

表 5-4　1985～2015 年物候始末期变化趋势

树种	物候始期		物候末期	
	变化趋势	R^2 及显著性	变化趋势	R^2 及显著性
刺槐	$y = -0.3597x + 823.53$	0.2865[**]	$y = 0.7027x - 1094.2$	0.4021[**]
桑树	$y = -0.4161x + 936.97$	0.3100[**]	$y = 1.1499x - 1981.3$	0.5606[**]
构树	$y = -0.5517x + 1207.9$	0.4111[**]	$y = 0.9170x - 1518.2$	0.5915[**]
毛白杨	$y = -0.3518x + 804.90$	0.2530[**]	$y = 0.5300x - 748.86$	0.3487[**]
紫荆	$y = -0.3723x + 843.37$	0.2292[**]	$y = 0.9238x - 1539.4$	0.6596[**]
山桃	$y = -0.4886x + 1064.6$	0.2635[**]	$y = 1.0316x - 1748.7$	0.5732[**]
垂柳	$y = -0.3788x + 838.9$	0.2355[**]	$y = 0.6475x - 964.54$	0.4760[**]

3. 突变后植物物候始末期年代际变化

图 5-6 直观地表示了突变后 7 个树种物候始期与末期每 5 年均值的年代际变化，物候始期的年代际变化整体呈明显的提前趋势，末期呈明显的推迟趋势。而且，物候始期展叶相对较早的树种自 2001～2005 年始提前速率减缓，一方面，这与植物自身对气候变化有了一定的适应性，能够通过自身的调控机制，采取相应生活史的改变来适应环境变化有关；另一方面，据资料显示，全球及我国的气温自 1998 年以来出现变暖趋缓现象，表明植物物候变化随着气候变化而变化，且存在一定的滞后性（苏京志，2016；丁一汇，2014；IPCC，2013）。

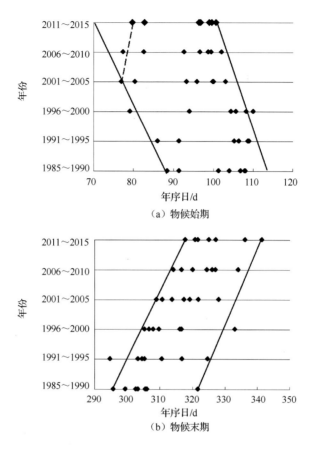

图 5-6　突变后物候始期与末期年代际变化（邓晨晖等，2017）

5.1.4　秦岭山地植物物候变化的树种差异性与空间差异性

1. 树种差异性

图 5-7 为 15 个树种物候突变后的变化趋势。由图 5-7、表 5-4 及表 5-5 可知，无论是乔木、灌木还是藤本植物，均表现为物候始期提前，平均提前 3.9d/10a；物候末期推迟，平均推迟 7.5d/10a；生长期延长。11 个乔木树种物候始期平均提前 3.8d/10a，物候末期平均推迟 6.8d/10a；3 个灌木树种中，物候始期平均提前 4.8d/10a；物候末期平均推迟 8.9d/10a；藤本植物葡萄的物候始期提前 2.9d/10a，末期推迟 11.5d/10a；生长期延长依次为藤本>灌木>乔木。

由以上分析可知，3 大类型树种表现各异，物候始期的提前速率呈藤本、乔木、灌木依次增大，而末期的推迟速率则是藤本、灌木、乔木依次减小，即植物对气候变化的响应与适应存在类型和种群的差异与敏感性。

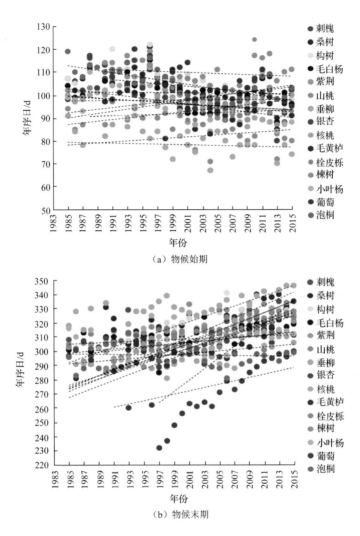

（a）物候始期

（b）物候末期

图 5-7　1985～2015 年 15 种植物物候始期与末期变化（邓晨晖等，2017）

表 5-5　1985～2015 年 8 种植物物候始末期变化趋势

树种	物候始期		物候末期	
	变化趋势	R^2 及显著性	变化趋势	R^2 及显著性
银杏	$y = -0.5352x + 1170.10$	0.3739^{**}	$y = 0.4718x - 637.65$	0.1936^{*}
核桃	$y = -0.4245x + 945.47$	0.2863^{**}	$y = 0.4501x - 602.05$	0.2031^{*}
毛黄栌	$y = -0.6748x + 1446.70$	0.4606^{**}	$y = 0.5468x - 788.00$	0.2126^{*}
栓皮栎	$y = -0.1509x + 397.66$	0.0096	$y = 0.6654x - 1018.7$	0.2332^{*}
棣树	$y = -0.1266x + 363.10$	0.0391	$y = 1.7189x - 3134.6$	0.8877^{**}
小叶杨	$y = -0.2423x + 580.87$	0.0982	$y = 0.2133x - 118.10$	0.0433

树种	物候始期		物候末期	
	变化趋势	R^2 及显著性	变化趋势	R^2 及显著性
葡萄	$y = -0.2877x + 679.45$	0.0662	$y = 1.1523x - 2033.3$	0.1850*
泡桐	$y = -0.5101x + 1125.3$	0.4820**	$y = 0.1384x + 293.81$	0.0257

2. 空间差异性

本章选择观测数据完整、时间序列较长的核桃（1982～2015 年）和垂柳（1982～2008 年）两个树种，进行秦岭南北坡物候变化比较，以揭示植物物候对气候变化的响应是否存在着南北差异。

图 5-8 为秦岭南北坡两个树种物候始末期的变化趋势。图 5-8 显示，物候始期，北坡核桃提前了 3.1d/10a（$P<0.05$），南坡则提前 1.6d/10a，北坡垂柳提前了 3.9d/10a（$P<0.05$），南坡则提前 2.0d/10a；物候末期，北坡核桃推迟了 4.7d/10a（$P<0.01$），南坡则推迟 6.9d/10a（$P<0.01$），北坡垂柳推迟了 3.2d/10a，南坡则推迟了 10.0d/10a。可知，无论是核桃还是垂柳，均表现为始期提前，末期推迟，生长期延长，即同一树种在南北坡的变化趋势是一致的，但北坡始期的提前速率均高于南坡，而南坡末期的推迟速率均高于北坡。

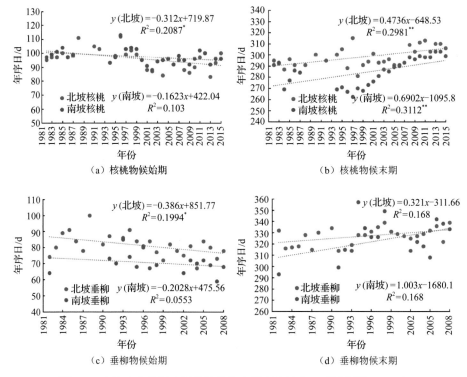

图 5-8　秦岭南北坡两个树种物候始末期变化趋势（邓晨晖等，2017）

5.2 植物物候对气候变化的敏感性与适应性

5.2.1 1964～2015 年物候始末期与气温变化

1. 物候始末期气温变化特征

图 5-9 和表 5-6 为 1964～2015 年物候始末期及物候突变前后的日均气温变化趋势。图 5-9 和表 5-6 显示，1964～2015 年始末期气温均呈极显著上升，速率分别约 0.77℃/10a、0.41℃/10a，约上升了 3.90℃和 2.08℃，且始期气温的变化速率高于末期。突变前，始期气温呈不显著的上升趋势，速率约为 0.33℃/10a；末期气温也呈不显著的上升趋势，速率约为 0.14℃/10a；突变后，始期升温率约为 1.41℃/10a（$P<0.01$），末期约为 0.70℃/10a（$P<0.01$），即物候突变后，无论是始期还是末期气温均呈极显著上升趋势，且始期气温变化较末期更为显著，变化速率更快。

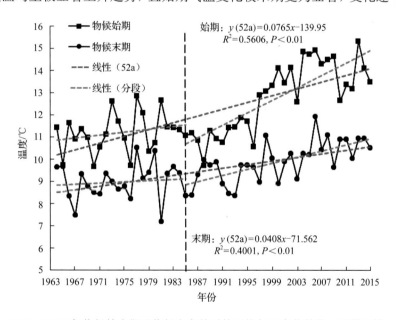

图 5-9　1964～2015 年物候始末期及物候突变前后的日均气温变化趋势（邓晨晖等，2018）

表 5-6　1985 年前后物候始末期的日均气温变化

物候期	突变前		突变后	
	气温变化	R^2 及显著性	气温变化	R^2 及显著性
物候始期	$y = 0.0327x - 53.265$	$R^2 = 0.0567$	$y = 0.1406x - 268.32$	$R^2 = 0.6625$[**]
物候末期	$y = 0.0138x - 18.229$	$R^2 = 0.0119$	$y = 0.0695x - 129.09$	$R^2 = 0.4746$[**]

2. 物候始末期对气温变化的响应

1）物候始末期与同期日均气温

图 5-10 为 1964～2015 年物候突变前后始末期与同期日均气温的变化趋势，可以看出，1964～2015 年始期与同期日均温呈极显著负相关（$R=-0.691$，$P<0.01$）；而末期与其呈极显著正相关（$R=0.700$，$P<0.01$）。即物候始期随气温的升高而提前，物候末期随气温的升高而推迟。突变前，同期日均温与始期呈显著负相关，而与末期的相关性不显著；突变后，同期日均温与始期呈极显著负相关，而与末期呈极显著正相关，且与始期的相关性高于末期，即物候突变后，同期日均温对物候始期的提前和末期的推迟均有显著影响，且对始期的影响较末期更为显著。

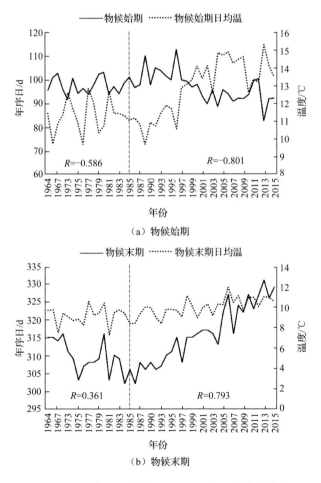

（a）物候始期

（b）物候末期

图 5-10　1964～2015 年物候突变前后始末期与同期日均温的变化趋势（邓晨晖，2018）

根据 5.1 节研究结果可知，突变前，物候始期与末期均表现出提前趋势，始期与末期的速率分别约为 0.04d/10a、4.6d/10a。突变后，物候始期提前速率约 4.3d/10a，物候末期推迟速率约 8.4d/10a；始期与末期的日均温上升速率分别约为 1.41℃/10a、0.70℃/10a，即始期的日均温每升高 1℃ 始期提前约 3.0d，而末期的日均温每升高 1℃ 末期推迟约 12.0d，表明气温的微小变化就会引起植物物候的显著变化。

2）物候始末期与临界温度

植物物候反映了过去一段时间气候条件的累积对植物生长发育的综合影响（柳晶，2007），积温可能对木本植物开始生长起着至关重要的作用（Augspurger，2005，2003），植物只有满足一定的热量需求才能正常生长。为了更好地寻求真正具有生态学意义的热量变化规律，采用气象学意义上对植物生长具有直接作用的热量指标——有效温度，依次分析物候始期与有效积温（≥5℃、≥8℃、≥10℃、≥12℃）的相关性，以寻求研究区植物展叶盛期所需的最适温。

经相关分析发现，物候始期与≥10℃有效积温的相关性最为显著，说明植物展叶盛期与积温有显著关系，≥10℃有效积温是反映植物展叶盛期所需热量的敏感指标。由此推定，研究区植物展叶盛期所需的积温阈值为 10℃。

图 5-11 为 1964～2015 年物候始期与同期≥10℃有效积温的变化趋势。图 5-11 显示，1964～2015 年≥10℃有效积温呈增加趋势，物候始期呈提前趋势，二者呈显著负相关（$R=-0.316$，$P<0.05$），即物候始期随同期≥10℃有效积温的增加而提前。突变前，二者的相关性不显著，而突变后，二者的相关性达到了显著水平。

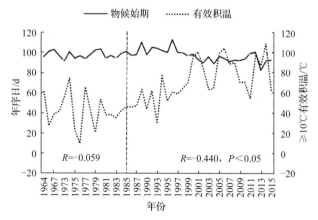

图 5-11　物候始期与≥10℃有效积温的变化趋势（邓晨晖，2018）

确定了所研究的物候始期低温阈值后，进一步引入有效温度起始日的概念，即为每年自第 1 天始连续 5 日日平均气温≥10℃所对应的年序日。图 5-12（a）为 1964～2015 年物候始期与有效温度起始日的变化趋势，可以看出，物候始期与有效温度起始日二者呈极显著正相关（*R*=0.753，*P*<0.01），且物候突变后二者的相关性较突变前更显著，进一步说明10℃是研究区植物展叶盛期的敏感温度。

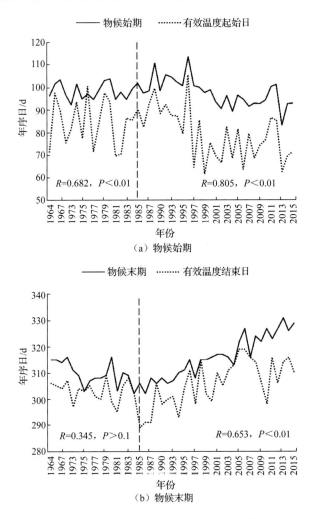

图 5-12　物候始期与同期有效温度起始日及末期与同期有效温度结束日
的变化趋势（邓晨晖，2018）

同理，物候末期引入有效温度结束日的概念，即为每年第 274 天起连续 5 日日平均气温小于等于临界高温所对应的年序日。根据物候末期时段的温度特征，依次分析物候末期与每年自第 274 天起连续 5 日日均温≤8℃、≤10℃、≤12℃稳定出现日期的相关性，由此得出物候末期与≤10℃有效温度结束日相关性最为显著。由此推定，研究区植物结束生长的有效气温阈值为10℃。

图 5-12（b）为 1964～2015 年物候末期与≤10℃有效温度结束日的变化趋势，

可以看出,物候末期的变化趋势与有效温度结束日二者呈极显著正相关($R=0.620$,$P<0.01$),且物候突变后二者的相关性较突变前更显著,表明 10℃是研究区植物结束生长的临界温度。

3）物候始末期与前期有效积温的关系及滞后性

表 5-7 为物候始末期与前期各时段≥10℃有效积温的相关性,可以看出,≥10℃有效积温始于 2 月,物候始期与自 2 月始≥10℃有效积温二者呈显著负相关,即随着早春气温回升,物候始期随之相应提前;气温对物候始期的影响滞后时效为 1～2 个月,随着气温上升,滞后效应减弱,且物候突变后,滞后效应加强。无论是在 52 年尺度上还是物候突变后,物候末期均与自 8 月始前期各时段≥10℃有效积温呈极显著正相关,即前期有效积温对物候末期的推迟均有影响,其滞后时效为 1～3 月;而物候突变前二者的相关性并不显著,但物候突变后尤为显著,存在明显的累加效应。

表 5-7　物候始末期与前期各时段≥10℃有效积温的相关性

不同时段始～物候始期发生日	物候始期			不同时段始～物候末期发生日	物候末期		
	52 年	突变前	突变后		52 年	突变前	突变后
—	—	—	—	8 月（第213 天）～	0.609**	0.173	0.606**
2 月（第32 天）～	-0.338*	-0.076	-0.474**	9 月（第244 天）～	0.626**	0.232	0.611**
3 月上旬（第60 天）～	-0.316*	-0.059	-0.440*	10 月上旬（第274 天）～	0.647**	0.220	0.694**
3 月中旬（第70 天）～	-0.205	-0.018	-0.273	10 月中旬（第284 天）～	0.600**	0.142	0.664**
3 月下旬（第80 天）～	0.149	0.162	0.203	10 月下旬（第294 天）～	0.570**	0.315	0.559**

5.2.2　1964～2015 年植物物候始末期与降水变化

1. 物候始末期的降水变化特征

图 5-13 和表 5-8 为 1964～2015 年物候始末期及物候突变前后的日均降水量变化趋势,可以看出,始期降水减少速率为 0.13mm/10a（$P<0.05$）,约减少了 0.66mm;末期降水呈不显著减少趋势,速率为 0.049mm/10a,约减少了 0.25mm,即物候始期比末期的降水减少趋势更明显。突变前,始期降水呈显著减少趋势,速率为 0.454mm/10a（$P<0.05$）;末期降水呈不显著减少趋势,速率为 0.039mm/10a。突变后,始期降水呈不显著减少趋势,速率为 0.012mm/10a;末期降水也呈不显著减少趋势,速率为 0.095mm/10a,即物候突变后,无论是始期还是末期降水均呈不显著减少趋势,且末期降水变化较始期明显,波动性大,变化速率快。

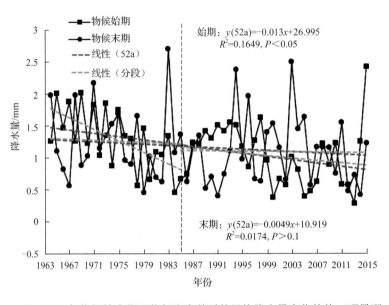

图5-13　1964~2015年物候始末期及物候突变前后的日均降水量变化趋势（邓晨晖，2018）

表5-8　1985年前后物候始末期的日均降水量变化

物候期	突变前		突变后	
	日均降水量变化	R^2及显著性	日均降水量变化	R^2及显著性
物候始期	$y = -0.0454x + 90.891$	$R^2 = 0.3904^*$	$y = -0.0012x + 3.415$	$R^2 = 0.0004$
物候末期	$y = -0.0039x + 8.9077$	$R^2 = 0.0019$	$y = -0.0095x + 20.102$	$R^2 = 0.0339$

2. 物候始末期对降水变化的响应

经统计分析发现，物候始末期与同期日均降水量的相关性均不显著，而与前期累积降水量存在相关性。

表5-9为物候始末期与前期各时段累积降水的相关性，可以看出，物候始期与自1月始各时段的累积降水均呈显著正相关，即物候始期降水存在1~3个月的滞后效应，始期随前期累积降水的增加而推迟，随累积降水的减少而提前。这可能与早春的降水量较少有关，而进入3月份以后随着降水量的增多，导致气温降低，进而抑制植物生长，使物候始期推迟。物候突变前后二者的相关性均显著，这与突变前后降水的变化趋势一致，进一步说明降水的减少也是影响物候始期提前的重要因素。

物候末期仅与接近末期的累积降水有显著正相关关系，即物候末期的滞后效应不明显，末期随接近末期累积降水量的增多而推迟。这可能是因为接近物候末期降水量的增加，有效地补充了植物体内的水分，而有利于促进物候末期的推迟。因此，末期降水的增加有利于促进末期延长，而干旱则会导致末期提前。

表 5-9　物候始末期与前期各时段累积降水的相关关系

不同时段始~物候始期	物候始期			不同时段始~物候末期	物候末期		
发生日	52 年	突变前	突变后	发生日	52 年	突变前	突变后
1 月（第 1 天）~	0.445**	0.547*	0.405*	8 月（第 213 天）~	0.164	-0.060	0.351
2 月（第 32 天）~	0.451**	0.571*	0.411*	9 月（第 244 天）~	0.077	0.031	0.303
3 月上旬（第 60 天）~	0.550**	0.621**	0.528**	10 月上旬（第 274 天）~	0.075	0.301	0.020
3 月中旬（第 70 天）~	0.516**	0.587*	0.489**	10 月中旬（第 284 天）~	0.156	0.294	-0.033
3 月下旬（第 80 天）~	0.560**	0.714**	0.551**	10 月下旬（第 294 天）~	0.405**	0.279	0.423*

经统计，突变后，自第 80 天至物候始期的累积降水呈不显著的减少趋势，速率为 3.12mm/10a；自 294 天至物候末期的累积降水呈显著的增加趋势，速率为 9.56mm/10a，即始期的累积降水每减少 1mm 始期提前 1.3d，末期的累积降水每增加 1mm 末期推迟 1.0d。

5.2.3　1964~2015 年植物物候始末期与日照变化

1. 物候始末期的日照变化特征

图 5-14 和表 5-10 为 1964~2015 年物候始末期及物候突变前后的日均日照时数变化趋势，可以看出，始期日照时数增加速率约为 0.02h/10a，约增加了 0.09h；末期日照时数减少速率约为 0.24h/10a（$P<0.05$），约减少了 1.21h，即物候始期日照时数变化不明显，而末期呈显著减少趋势。突变前，始期与末期的日照时数均呈减少趋势，始期的速率约为 0.47h/10a，末期的速率约为 0.78h/10a（$P<0.05$）。突变后，始期与末期的日照时数均呈增加趋势，始期的速率约为 1.0h/10a（$P<0.01$），末期的速率约为 0.46h/10a（$P<0.05$），即物候突变后，无论是物候始期还是末期日照时数均由突变前的减少趋势转变为显著的增加趋势，且始期日照变化速率高于末期，达到了极显著水平。

2. 物候始末期对日照的响应

1）物候始末期与同期日均日照时数

图 5-15 为 1964~2015 年物候始末期与同期日均日照时数的变化趋势，可以看出，始期与同期日均日照时数二者呈极显著负相关（$R=-0.456$，$P<0.01$）；而末期与其呈弱正相关（$R=0.291$，$P<0.1$），即物候始期随日照时数的增加而提前，物候末期随日照时数的增加而推迟。突变前，二者的相关性均不显著；突变后，同

期日均日照时数与始期呈极显著负相关，而与末期呈显著正相关，且始期的相关性高于末期，即物候突变后，同期日均日照时数对物候始期的提前和末期的推迟均有显著影响，且对始期的影响较末期更为显著。

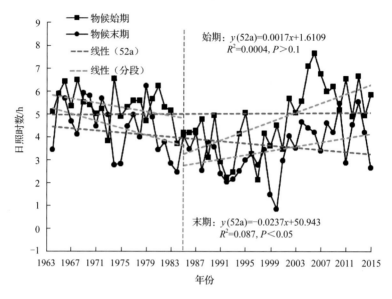

图 5-14　1964～2015 年物候始末期及物候突变前后的日均日照时数变化趋势

表 5-10　1985 年前后物候始末期的日均日照时数变化

物候期	突变前		突变后	
	日均日照时数变化	R^2 及显著性	日均日照时数变化	R^2 及显著性
物候始期	$y = -0.0467x + 97.506$	$R^2 = 0.1560$	$y = 0.1006x - 196.47$	$R^2 = 0.3999^{**}$
物候末期	$y = -0.0782x + 158.76$	$R^2 = 0.1942^{*}$	$y = 0.0458x - 88.089$	$R^2 = 0.1475^{*}$

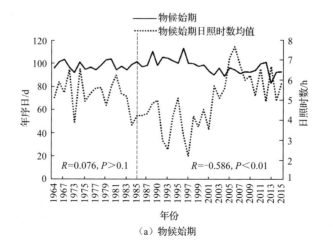

（a）物候始期

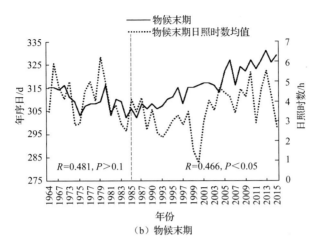

（b）物候末期

图 5-15　物候突变前后始末期与同期日均日照时数的变化趋势（邓晨晖等，2018）

由以上分析可知，光照也是影响物候始末期提前与推迟的重要因素，光照充足，始期提前，末期推迟。经统计，突变后，始期与末期的日均日照时数每增加 1h，始期提前 4.3d，末期推迟 18.3d。

2）物候始末期与前期累积日照时数的相关性及滞后性

表 5-11 为物候始末期与前期各时段累积日照时数的相关性，可以看出，物候始期仅与自 3 月下旬始至物候始期发生日的累积日照时数有显著正相关关系，即物候始期随累积日照时数的增加而推迟，这一结果与实际不符，早春日照的延长，应该增加光合作用，利于植物提早开始生长并加快植物生长发育的速度，有学者研究得出春季物候期随着累积日照时数的增加而提前（白洁，2009）。但由第 2 章可知秦岭山地春季干旱少雨，日照增加温度上升将进一步使植物缺水，从而使植物物候推迟。

物候末期，无论是在 52 年尺度上还是物候突变后，其均与自 9 月始各时段的累积日照时数呈正显著相关，物候突变后更为显著，即物候末期随日照时数的延长而推迟；其滞后时效为 1～2 个月，且突变后滞后效应加强。

表 5-11　物候始末期与前期各时段累积日照时数的相关关系

不同时段始～物候始期	物候始期			不同时段始～物候末期	物候末期		
发生日	52 年	突变前	突变后	发生日	52 年	突变前	突变后
1 月（第 1 天）～	-0.015	0.370	-0.023	8 月（第 213 天）～	0.261	0.572*	0.254
2 月（第 32 天）～	0.011	0.348	-0.147	9 月（第 244 天）～	0.399**	0.530*	0.417*
3 月上旬（第 60 天）～	0.071	0.460	-0.069	10 月上旬（第 274 天）～	0.568**	0.501*	0.674**
3 月中旬（第 70 天）～	0.161	0.516*	0.048	10 月中旬（第 284 天）～	0.614**	0.560*	0.731**
3 月下旬（第 80 天）～	0.425**	0.635**	0.377*	10 月下旬（第 294 天）～	0.699**	0.635**	0.739**

5.3　气候因子对植物物候的综合影响效应

5.3.1　气候因子对物候始期的综合影响

表 5-12 为物候始期影响因子的相关系数矩阵，其中，自变量为同期日均气温、自 2 月始≥10℃有效积温、自 3 月始累积降水量及同期日均日照时数等 4 个影响因子，因变量为物候始期。由表 5-12 可知，各变量间存在不同程度的强相关性，满足 PLS 回归法建模的前提条件。

表 5-12　物候始期影响因子的相关系数矩阵

影响因子	日均气温	有效积温	累积降水量	日均日照	物候始期
日均气温	1.000	0.716**	−0.431*	0.629**	−0.801**
有效积温		1.000	−0.428*	0.485**	−0.470**
累积降水量			1.000	−0.472**	0.549**
日均日照				1.000	−0.587**
物候始期					1.000

图 5-16 为物候始期 PLS 结果，VIP 直方图显示，各因子的 VIP 值大小为始期的日均气温（1.28）>有效积温（0.96）>日均日照（0.88）>累积降水量（0.81），即影响因子对物候始期的解释能力为始期的日均气温>有效积温>日均日照>累积降水量。始期与日均气温强负相关，也与有效积温、日均日照负相关，而与累积降水量正相关。表明，以同期气温、日照及降水量为主导的气候要素对始期变化具有较大贡献，特别是始期气温的升高对物候始期的提前具有主导控制作用。

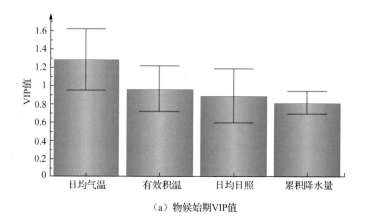

（a）物候始期 VIP 值

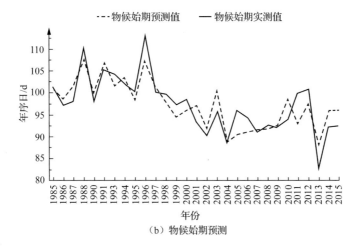

（b）物候始期预测

图 5-16　气候因子对物候始期综合影响的 PLS 分析结果（邓晨晖，2018）

标准化偏最小二乘回归模型：

$$Y_{始} = 15.375 - 0.788X_1 + 0.312X_2 + 0.286X_3 - 0.146X_4 \qquad (5-1)$$

式中，X_1、X_2、X_3、X_4 依次表示物候始期的日均气温、有效积温、累积降水量、日均日照时数。

模型拟合结果，$R^2X(\text{cum})=0.721$，$R^2Y(\text{cum})=0.728$，$Q^2(\text{cum})=0.607$，说明模型预测准确度较高，自变量对物候始期的变化具有很好的解释能力。$R^2X(\text{cum})$ 表示所拟合的模型对自变量的信息利用率；$R^2Y(\text{cum})$ 表示模型对因变量的解释能力；$Q^2(\text{cum})$ 为累计交叉有效性，表示模型对数据预测的准确性。

5.3.2　气候因子对物候末期的综合影响

表 5-13 为物候末期各影响因子的相关系数矩阵，其中，自变量为同期日均气温、自 8 月始 ≥10℃ 有效积温、自 10 月下旬始累积降水量、同期日均日照时数及自 10 月始累积日照时数等 5 个影响因子，因变量为物候末期。

表 5-13　物候末期影响因子的相关系数矩阵

影响因子	日均气温	有效积温	累积降水量	日均日照	累积日照	物候末期
日均气温	1.000	0.733**	0.151	0.448*	0.632**	0.756**
有效积温		1.000	0.162	0.467*	0.701**	0.694**
累积降水量			1.000	−0.013	−0.055	0.423*
日均日照				1.000	0.719**	0.466*
累积日照					1.000	0.739**
物候末期						1.000

图 5-17 为物候末期 PLS 结果图，可以看出，各因子的 VIP 值为物候末期的

日均气温（1.145）>累积日照（1.118）>有效积温（1.060）>累积降水量（0.829）>日均日照（0.793），即影响因子对物候末期的解释能力为末期的日均气温>累积日照>有效积温>累积降水量>日均日照。末期与日均气温、累积日照、累积降水量高度正相关，说明气温、日照及降水量三大气候要素均对物候末期变化具有较大的贡献力，尤以末期气温的升高对物候末期推迟的主导控制作用最为显著。

标准化偏最小二乘回归模型：

$$Y_{\text{末}} = 38.541 + 0.328X_1 + 0.217X_2 + 0.389X_3 + 0.036X_4 + 0.298X_5 \qquad （5\text{-}2）$$

式中，X_1、X_2、X_3、X_4、X_5 依次表示物候末期的日均气温、有效积温、累积降水量、日均日照时数、累积日照时数。

由图 5-17（b）可见，实测值与预测值曲线较为吻合，模型拟合结果，$R^2X(\text{cum})=0.779$，$R^2Y(\text{cum})=0.80$，$Q^2(\text{cum})=0.704$，说明模型达到了较高的精度，自变量对物候末期变化具有较好的解释能力。

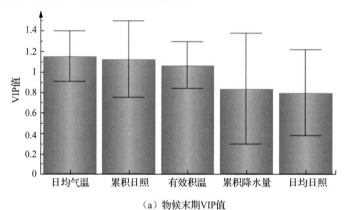

（a）物候末期VIP值

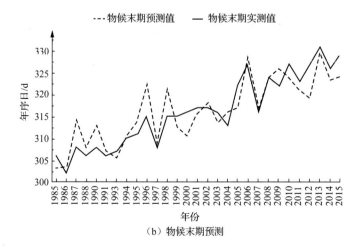

图 5-17　气候因子对物候末期综合影响的 PLS 分析结果（邓晨晖，2018）

5.4　林线树种太白红杉林 2000～2015 年遥感物候时空变化

5.4.1　物候期的确定

1. 基于双 Logistic 的 EVI 时间序列重建

对遥感影像进行降噪处理并进行时间序列的重建是进行物候监测分析的基础。山地区域地形复杂，往往缺乏足够的物候观测资料来确定经验系数或阈值，有研究表明，双 Logistic 模型在缺乏有效观测数据的情况下，也能大致模拟出植被整个生长期的生长特征（刘亚南等，2016）。本节采用双 Logistic 拟合法，对 2000～2015 年共 730 景增强植被指数 2（enhanced vegetation index 2，EVI_2）数据进行时间序列重建，获得重建后的 EVI_2 拟合曲线，拟合效果见图 5-18。

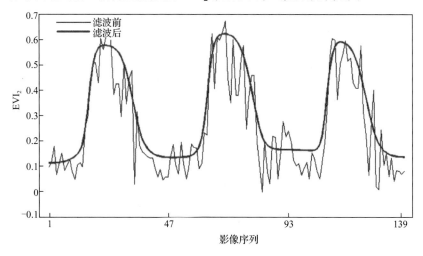

图 5-18　2015 年第 65 行 77 列像元 EVI_2 拟合图（黄晓月，2018）

2. 植被物候的遥感提取及精度验证

植被遥感物候监测中，提取关键物候期的方法包括动态阈值法、滑动平均法、导数法和函数拟合法。函数拟合法中双 Logistic 模型在植被生长期较短，缺乏有效数据进行分段模拟的情况下较为有优势，因此选用双 Logistic 模型提取关键物候期（生长期始期、生长期末期和生长期长度）。

基于气温阈值提取的生长期，即气候生长期对遥感物候提取结果进行精度验证。选用 2013～2015 年太白山 11 个中高海拔站点日平均气温作为数据基础，采用五日滑动平均法进行气候生长期提取。将一年中任意连续 5 天的日平均气温平均值≥10℃的最长一段时间内，在第一个 5d（即上限）中，挑选最先一个日平均温度≥10℃的日期，作为物候始期；在最后一个 5d（即下限）中，挑取最末一个日平均温度≥10℃的日期，作为物候末期（王树廷，1982）。

将提取的气候生长期始期与末期通过克里金法进行空间插值，最终获取红杉区气候生长期结果，并与遥感物候提取结果进行比较。两种方式提取的生长期始期天数相差 5d 左右，生长期末期天数相差 6d 左右，说明遥感物候提取太白红杉生长期具有可靠性，可以进行物候特征分析及其对气候变化的响应。

5.4.2 2000～2015 年太白红杉林平均关键物候期空间分布

图 5-19 为 2000～2015 年太白红杉区平均关键物候期的空间分布，可以看出，太白红杉区 78.78%的植被生长期开始时间在第 104～152d，平均为第 120d，81.12%的植被生长期结束时间在第 264～312d，平均出现在第 288d，太白红杉 78.86%生长期长度为 144～192d，平均生长期长度为 168d。虽然太白红杉区南坡平均气温高于北坡，但由于南坡太阳辐射强度大，蒸发旺盛，在空间分布上，南坡的生长期却小于北坡。

5.4.3 2000～2015 年太白红杉区物候期的年际变化

图 5-20 为 2000～2015 年太白红杉区关键物候参数（生长期始期、生长期末期、生长期长度）的空间变化趋势及 t 检验结果。由图 5-20 可知，太白红杉生长期始期整体呈提前趋势，变化率为-0.65d/10a；生长期末期呈推迟趋势，变化率为 0.35d/10a；整个生长期平均延长幅度为 0.99d/10a。结合 t 检验结果，太白红杉生长期始期呈提前的像元为 70.93%，其中显著（$P<0.05$）提前的占总像元 10.82%；生长期末期呈推迟的像元为 60.79%。结果表明，2000～2015 年太白红杉生长期始期整体呈提前趋势，末期呈不显著推迟趋势，整个生长期表现出弱显著（$P<0.1$）延长，占比 12.42%，与低海拔树种相比，生长期延长较短，这是因为太白红杉为高山林线树种，生存环境恶劣，生长受多种复杂环境因素影响，基础生长期短，所以其生长期变化不显著。

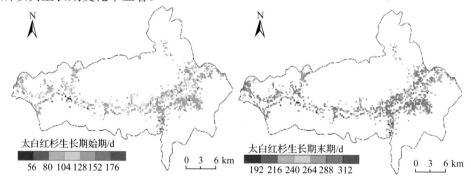

（a）生长期始期　　　　　　　　　　　　　　（b）生长期末期

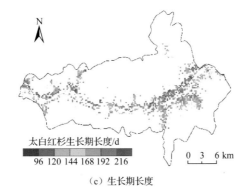

（c）生长期长度

图 5-19　2000～2015 年太白红杉区平均关键物候期空间分布图（黄晓月，2018）

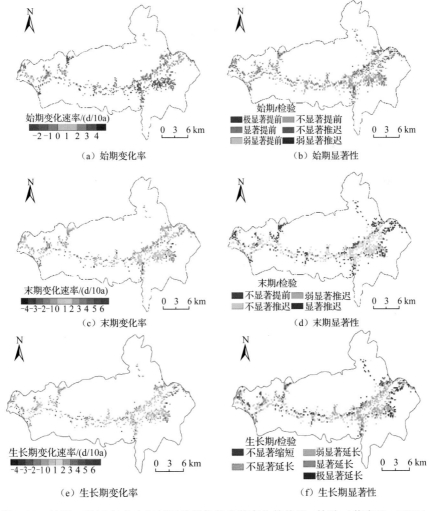

（a）始期变化率　　　　　　　　　　　　　（b）始期显著性

（c）末期变化率　　　　　　　　　　　　　（d）末期显著性

（e）生长期变化率　　　　　　　　　　　　（f）生长期显著性

图 5-20　2000～2015 年太白红杉区关键物候参数变化趋势及 t 检验（黄晓月，2018）

5.5　本　章　小　结

（1）1964～2015 年，秦岭地区植物物候始期提前、末期推迟、生长期延长，植物物候于 20 世纪 80 年代中期发生突变，突变后，无论是速率还是趋势均发生了显著变化。

1964～2015 年，7 种木本植物物候始期均呈提前趋势，提前速率约为 1.2d/10a，物候末期均呈推迟趋势，推迟速率约为 3.5d/10a，生长期均呈延长趋势；植物物候突变发生于 1980s，始期于 1985 年，末期于 1984 年。突变后，始期的提前速率显著加快，约 4.3d/10a，而突变前提前或推迟速率均未达到显著水平；末期，由突变前速率约 4.6d/10a 的显著提前趋势，转变为极显著的推迟趋势，推迟速率约 8.4d/10a。植物物候始期与末期对气候变暖的响应均表现出"趋同效应"。

（2）1985～2015 年，秦岭不同类型植被或同一树种在南北坡的变化均表现为始期提前、末期推迟变化趋势的一致性，但也存在植被类型和南北差异性。

无论是乔木、灌木还是藤本植物，均表现为始期提前，末期推迟，生长期延长；但 3 大类型的植被表现各异，物候始期的提前速率呈藤本、乔木、灌木依次增大，而末期的推迟速率则呈藤本、灌木、乔木依次减小。同一树种在南北坡的变化趋势具有一致性，无论是核桃还是垂柳均表现为始期提前，末期推迟，生长期延长；但北坡始期的提前速率均高于南坡，而南坡末期的推迟速率均高于北坡。

（3）物候始末期对气候因子的响应程度存在差异，突变后更为敏感，始期、末期日均温每升高 1℃，始期提前 3.0d、末期推迟 12.0d，且无论是始期还是末期，气温上升趋势更加显著。

1964～2015 年，秦岭地区物候始末期的气候均呈干暖化趋势，且始期的暖化趋势较末期显著，物候突变后这一趋势尤为明显，突变后，无论是始期还是末期，气温上升趋势更加显著，且始期的变化较末期显著，而降水量均呈减少趋势。植物物候发生突变后，对气候因子变化更敏感，如始期与末期的日均温每升高 1℃，始期提前 3.0d，末期推迟 12.0d；始期的累积降水量每减少 1mm，始期提前 1.3d，末期的每增加 1mm 推迟 1.0d；始期与末期的日均日照时数每增加 1h，始期提前 4.3d，末期推迟 18.3d。

（4）秦岭地区物候始期与末期均受气温、降水和日照等综合影响，且存在滞后效应，同期日均温的升高对物候始期的提前及末期的推迟具有主导控制作用。

气候因子对物候始期变化的解释能力为日均气温>有效积温>日均日照>累积降水，而物候末期则为日均气温>累积日照>有效积温>累积降水>日均日照，气温是影响物候物候始末期变化最重要的因素，二者标准化偏最小二乘回归模型分别为：

$$Y_{始} = 15.375 - 0.788X_1 + 0.312X_2 + 0.286X_3 - 0.146X_4$$

$$Y_{末} = 38.541 + 0.328X_1 + 0.217X_2 + 0.389X_3 + 0.036X_4 + 0.298X_5$$

式中，X_1、X_2、X_3、X_4、X_5 依次表示物候始末期的日均气温、有效积温、累积降水量、日均日照时数、累积日照时数。

物候始期，气温影响的滞后时效为 1～2 个月，前期累积降水对物候始期的提前有显著影响，其滞后时效为 1～3 个月，而日照的累积滞后效应不明显；物候末期，前期累积气温对末期的推迟影响存在累加效应，其滞后时效 1～3 个月；降水的滞后效应不明显，日照影响的滞后时效为 1～2 个月。

（5）2000～2015 年秦岭太白山太白红杉平均生长期为 168d 左右，始期以提前趋势为主，末期以推迟趋势为主，生长期以延长趋势为主。

秦岭太白山太白红杉约在第 120 天开始生长，在第 288 天结束生长，生长期约为 168d。生长期始期提前速率为 0.65d/10a，呈提前趋势的像元为 70.93%，其中显著提前的占总像元的 10.82%；末期推迟速率为 0.35d/10a，呈推迟的像元为 60.79%；生长期延长速率为 0.99d/10a，呈延长趋势的区域占 76.76%。

参 考 文 献

白洁, 葛全胜, 戴君虎, 2009. 贵阳木本植物物候对气候变化的响应[J]. 地理研究, 28(6): 1606-1614.

陈隆勋, 周秀骥, 利瓦伊亮, 等, 2004. 中国近 80 年来气候变化特征及其形成机制[J]. 气象学报, 62(5): 634-646.

邓晨晖, 2018. 气候变化背景下秦岭山地物候变化及其响应[D]. 西安: 西北大学.

邓晨晖, 白红英, 等, 2017. 气候变化背景下 1964～2015 年秦岭植物物候变化[J]. 生态学报, 37(23): 7882-7893.

邓晨晖, 白红英, 等, 2018. 1964～2015 年气候因子对秦岭地区植物物候的综合影响效应[J]. 地理学报, 73(5): 917-931.

丁明军, 张镱锂, 孙晓敏, 等, 2012. 近 10 年青藏高原高寒草地物候时空变化特征分析[J]. 科学通报, 57(33): 3185-3194.

丁一汇, 柳艳菊, 梁苏洁, 等, 2014. 东亚冬季风的年代际变化及其与全球气候变化的可能联系[J]. 气象学报, 72(5): 835-852.

方修琦, 余卫红, 2002. 物候对全球变暖响应的研究综述[J]. 地球科学进展, 17(5): 714-719.

葛全胜, 戴君虎, 郑景云, 2010. 物候学研究进展及中国现代物候学面临的挑战[J]. 中国科学院院刊, 25(3): 310-316.

贺映娜, 2012. 秦岭植被物候期及遥感生长季的变化研究[D]. 西安:西北大学.

黄晓月. 2018. 秦岭太白红杉 NDVI 与遥感物候对气候变化的响应[D]. 西安: 西北大学.

刘洪滨, 邵雪梅, 2000. 采用秦岭冷杉年轮宽度重建陕西镇安 1755 年以来的初春温度[J]. 气象学报, 58(2): 223-233.

刘亚南, 肖飞, 杜耘, 2016. 基于秦岭样区的四种时序 EVI 函数拟合方法对比研究[J]. 生态学报, 36(15): 4672-4679.

柳晶, 郑有飞, 赵国强, 等, 2007. 郑州植物物候对气候变化的响应[J]. 生态学报, 27(4): 1471-1479.

陆佩玲, 于强, 贺庆棠, 2006. 植物物候对气候变化的响应[J]. 生态学报, 26(3): 923-929.

马新萍, 白红英, 贺映娜, 等, 2015. 基于 NDVI 的秦岭山地植被遥感物候及其与气温的响应关系——以陕西境内为例[J]. 地理科学, 35(12): 1616-1621.

莫非, 赵鸿, 王建永, 等, 2011. 全球变化下植物物候研究的关键问题[J]. 生态学报, 31(9): 2593-2601.

任国玉, 郭军, 徐铭志, 等, 2005. 近 50 年中国地面气候变化基本特征[J]. 气象学报, 63(6): 942-956.

苏京志, 温敏, 丁一汇, 等, 2016. 全球变暖趋缓研究进展[J]. 大气科学, 40(6): 1143-1153.

王少鹏, 王志恒, 朴世龙, 等, 2010. 我国 40 年来增温时间存在显著的区域差异[J]. 科学通报, 55(16): 1538-1543.

王树廷, 1982. 关于日平均气温稳定通过各级界限温度初终日期的统计方法[J]. 气象, 8(6): 29-30.

闫慧敏, 曹明奎, 刘纪远, 等, 2005. 基于多时相遥感信息的中国农业种植制度空间格局研究[J]. 农业工程学报, 21(4): 85- 90.

张福春, 1985. 物候[M]. 北京: 气象出版社.

周旗, 卞娟娟, 郑景云, 1973. 秦岭南北 1951~2009 年的气温与热量资源变化[J]. 地理学报, 2011, 66(9): 1211-1218.

竺可桢, 宛敏渭, 1973. 物候学[M]. 北京: 科学出版社.

AUGSPURGER C K, BARTLETT E A, 2003. Differences in leaf phenology between juvenile and adult trees in a temperate deciduous forest[J]. Tree Physiology, 23(8): 517-525.

AUGSPURGER C K, CHEESEMAN J M, 2005. Light gains and physiological capacity of understorey woody plants during phenological avoidance of canopy shade[J]. Functional Ecology, 19(4): 537-546.

BECK P S A, ATZBERGER C, HØGDA K A, et al., 2006. Improved monitoring of vegetation dynamics at very high latitudes: A new method using MODIS NDVI[J]. Remote Sensing of Environment, 100(3): 321-334.

CHEN J, JÖNSSON P, TAMURA M, et al., 2004. A simple method for reconstructing a high- quality NDVI time- series data set based on the Savitzky-Golay filter[J]. Remote Sensing of Environment. 91(3-4): 332-344.

CLELAND E E, CHUINE I, MENZEL A, et al., 2007. Shifting plant phenology in response to global change[J]. Trends in Ecology & Evolution, 22(7): 357-365.

DING Y H, REN G Y, ZHAO Z C, et al., 2007. Detection, causes and projection of climate change over China: an overview of recent progress[J]. Advances in Atmospheric Sciences, 24(6): 954-971.

DONNELLY A, JONES M B, SWEENEY J, 2004. A review of indicators of climate change for use in Ireland[J]. International Journal of Biometeorology, 49(1): 1-12.

GE Q S, WANG H J, RUTISHAUSER T, et al., 2015. Phenological response to climate change in China: a meta-analysis[J]. Global Change Biology, 21(1): 265-274.

IPCC. Summary for policymakers[M]//STOCKER T F, QIN D, PLATTNER G K, et al. Climate Change 2013: the Physical Science Basis Contribution of Working Group I to the Fifth Assessment Report of the Intergovernmental Panel on Climate Change. Cambridge: Cambridge University Press.

JÖNSSON P, EKLUNDH L, 2002. Seasonality extraction by function fitting to time-series of satellite sensor data[J]. IEEE Transactions on Geoscience and Remote Sensing, 40(8): 1824-1832.

MA M G, VEROUSTRAETE F, 2006. Reconstructing pathfinder AVHRR Land NDVI time- series data for the Northwest of China[J]. Advances in Space Research, 37(4): 835-840.

MENZEL A, 2002. Phenology: it's importance to the global change community[J]. Climatic Change, 54(4): 379-385.

ORLANDI F, RUGA L, ROMANO B, et al., 2005. Olive flowering as an indicator of local climatic changes[J]. Theoretical and Applied Climatology, 81(3/4): 169-176.

ROERINK G J, MENENTI M, VERHOEF W, 2000. Reconstructing cloudfree NDVI composites using Fourier analysis of time series[J]. International Journal of Remote Sensing, 21(9): 1911-1917.

ROOT T L, PRICE J T, HALL K R, et al., 2003. Fingerprints of global warming on wild animals and plants[J]. Nature, 421(6918): 57-60.

SCHWARTZ M D, 1994. Monitoring global change with phenology: the case of the spring green wave[J]. International Journal of Biometeorology, 38(1): 18-22.

第6章 基于树木年轮的林线树种对气候变化的响应

近百年来全球升温与异常气候现象频发使得气候变化成为人类生存和可持续发展的潜在威胁之一，探求其对生态系统的影响成为一个重大科学问题。研究发现，森林作为地表生态系统的主要组成部分，对气候变化有较强的敏感性（Schweigruber et al.，1996），尤其在高山亚高山地带、山地垂直带对气候变化反应的灵敏度高于水平带（Walter，1984），树木生长既受到树木自身遗传因子的影响，又受到外界生态环境的支配，因此树木年轮的宽度可以指示出植物周边生态演变过程（康永祥等，2010）。山区树木径向生长对气候的响应与海拔梯度有密切关系（Hughes et al.，2003），而高山林线处树木长期处于极端环境条件下，与气候因子间的关系更为紧密，因此高山林线树种树轮观测研究，可揭示气候变化对陆地生态系统的影响机制。

秦岭是我国重要的气候分界线，也是气候变化的敏感区域，山脉以北气候相对干燥，属暖温带半湿润气候区，以南气候温暖湿润，属北亚热带湿润气候区，因此，作为生态过渡带的秦岭成为气候变化研究的焦点地区（康永祥等，2010）。但秦岭地区器测气象资料始于1959年，另外秦岭高山地带地形复杂，人迹罕至，观测数据更是缺乏。使用代用数据进行过去气候变化的演变研究，特别是近200年气候变化研究，对于分析未来气候变化趋势及生态系统响应极其重要。秦岭地区高山林线树木丰富，本章借助树木年代学定年精确、连续性强和分辨率高等特点，揭示秦岭山地近200年的气候变化，及林线关键树种太白红杉与巴山冷杉对气候变化的响应特征和生态过程。

6.1 树轮样品采集及年表研制

6.1.1 样区概况及样本采集

1. 样本区概况

太白山位于秦岭中部，是秦岭乃至我国东部地区的最高峰，地处周至、眉县和太白县行政边界的交界处，最高峰海拔3771.2m，详见2.1.1小节。太白红杉属我国特有种以及红杉分布的最东界种，广泛分布于海拔2850~3500m的秦岭高山、亚高山地带，具有喜光、耐寒、耐旱、耐贫及抗风等特性，主要分布在太白山北坡的上板寺、文公庙及南坡的南天门至玉皇池之间，既是秦岭山区森林上限唯一的乔木树种，也是该林线区域唯一可成纯林的树种（张文辉等，2004），属国家二级保护植物。该区极少受到人为活动的影响，相对其他区域更容易捕捉到气候变化的信号，对全球和区域气候变化的反应十分敏感。

牛背梁是牛背梁自然保护区内的最高峰（2802m），其与太白山、光头山等共同形成秦岭主脊，地理位置及气候特点详见第4章。巴山冷杉为我国特有松科冷杉亚科冷杉，属常绿乔木，其分布区域南达川东、鄂西，东至豫西，西至甘南，北抵秦岭山脉。主要分布于海拔2350～2600m的亚高山，耐荫性和抗冻性极强，适于在多雨多雾的气候中生存，为亚高山山地暗针叶林带的一种顶级群落，下接落叶桦木林、上接亚高山灌丛草甸。巴山冷杉多分布于牛背梁森林上限，与高山灌丛毗邻，是理想的气候变化研究对象。太白红杉和巴山冷杉样地及采样点如图6-1所示。

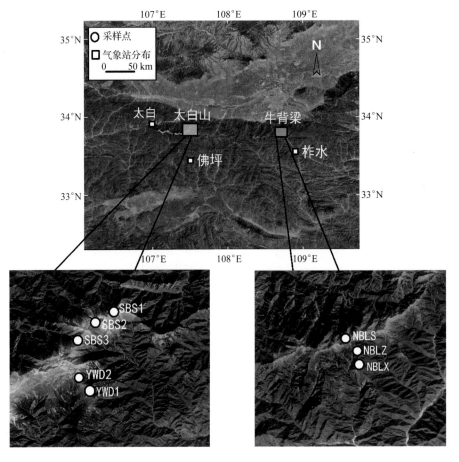

图6-1　采样点分布示意图

2. 树轮样本采集

太白红杉树轮样本采集于 2013 年 6 月至 2017 年 7 月，样点分别设立于太白山主脊线南北两侧的冰川遗迹与太白红杉林交界处（图 6-1），海拔为 2698～3403m，土层厚度均在(20±10)cm 范围内，立地坡度均在(30±15)°范围内，皆在同一气候区且受人为影响较小，平均树高为 8.85m，平均胸径为 24.41cm。采集样本时，每个方向取到树心处附近，将取得的树芯装入提前准备好的样本筒中，并做好编号，共采得树木年轮样本 114 个。

巴山冷杉树轮样本采集于 2013 年 7 月～2016 年 11 月，主要样本均采集于牛背梁林线地带，另有少部分样本采集于光头山、鹰嘴崖等地，所采集的巴山冷杉植株胸径均在(20±2)cm 范围内、样本立地坡度均在(8±1)°范围内，共采得树木年轮样本 125 个。采样点分别被命名为 NBLX（牛背梁下），NBLZ（牛背梁中）和NBLS（牛背梁上）（图 6-1）。样本信息见表 6-1。

表 6-1　样品信息统计

树种	采样年月	采样地点	经纬度	样本编号	海拔/m	总样本量	可用年表时段（长度）/年
太白红杉	2013.6	太白山	107°48′E，33°54′N	LJM	2698～3214	10	1858～2012
	2013.10		107°48′E，33°59′N	SBS/YWD	3062～3403	104	1849～2013
巴山冷杉	2013.6	光秃山	108°47′E，33°51′N	GT	2600	22	1964～2012
	2014.7		108°46′E，33°50′N	SCK	2522～2564	53	1964～2013
	2016.6		108°47′E，33°51′N	DST/SPZ	2627～2831	43	1955～2015
	2013.7	牛背梁	108°59′E，33°53′N	NBL	2277～2592	59	1940～2011
	2014.7		108°59′E，33°53′N	NTM/CTM/CD	2355～2597	125	1930～2013
	2016.8		108°36′E，33°50′N	CCD	2640	8	1959～2015
	2014.1	佛坪	107°51′E，33°41′N	FP/GWT	2221	32	1938～2014
	2016.4	木王	108°24′E，33°24′N	GDF	2250	31	1892～2015

6.1.2　样本处理及年表研制

1. 样本预处理

样本的基本处理过程按照 Stokes 和 Smiley 的方法（Stokes et al.，1968），对树芯经过一到两周的干燥之后，使用乳胶将树轮样芯固定到定制的带有凹槽的木条中，须注意使样芯木质纤维与木板垂直，确保定年时年轮清晰不反光且易辨认。待过几日胶水干燥后，使用 200 目砂纸进行粗加工打磨，再使用 600 目砂纸进行细打磨，最后使用 800 目极细砂纸进行抛光处理，使树轮样本表面光滑明净，年轮界限清晰分明易辨认，磨平直到树芯表面光滑清晰达到树木年轮学分析要求。随后，按照从树皮向树芯由外至内顺序计数，每到公元年数整十年处，在此树轮内标记一个点（如 2000 年、1990 年、1980 年），每到公元年数整五十年处，在此树轮内标记两个点（如 1950 年、1850 年、1750 年），每到公元年数整一百年处，在此树轮内标记三个点（如 2000 年、1900 年、1800 年），并注意记录样本起始年代及总长度，标记不易辨别的窄轮、疑似伪轮、缺轮和断轮，以便于后期交叉定年工作顺利进行。

采用德国 Frank Rinn 公司生产的 LINTAB 轮宽分析仪测量树轮宽度，其精度为 0.01mm，测量过程中仪器自动将树轮宽度的精确数值及每轮的精确年代以固定格式储存于计算机内。为确保测量的准确性，最后利用 COFECHA（Holmes，1994）程序对交叉定年和测量结果进行检验，纠正前期定年出现的问题，并剔除不能正常交叉定年的序列。

2. 年表研制方法

树轮宽度年表的研制使用 Arstan 程序（Cook，1985），选用负指数函数或者样条函数拟合，去掉因树木本身遗传因素产生的生长趋势和树木之间干扰竞争产生的抑制和释放等的生长趋势并建立年表。其过程为，通过用原始序列除以去趋势所用拟合曲线上的每一个对应数值，得新序列，由此序列经过一系列处理便可得到各采样点树轮宽度的三种年表和相关统计资料。

三种年表分别为：标准年表通过对去趋势后的序列进行双权重平均及标准化得到，包含去掉树木生长趋势后的大部分信号，高频与低频信号兼有。差值年表（residual chronology，RES），对去除生长趋势后的序列用自回归模型拟合并再次进行去趋势，再经过双权重平均和标准化得到，它去掉了标准年表中的大部分低频信号，余下的信息以高频信号为主，可以排除前期生长对树木当年生长的影响并经常用于验证树轮年表与气候要素相关的稳定性，检验其是否为趋势相关。自回归年表（auto correlation chronology，ARS），对差值年表中各条序列所用自回归模型的系数求平均值，构建一个统一模型，利用此模型计算出全部序列由自回归产生的生长量，将这个量加到差值年表上得到，该种年表为 Cook 研制。由于其数学处理方法更为合理，可以在一定程度上减小特殊值对年表低频信号的影响，它与标准年表类似，同时包含了高频与低频信号。

6.2　基于树木年轮宽度的太白红杉对水热变化响应

6.2.1　气象数据的选择

采样点由于分布于太白山高山林线，缺少长时间序列器测数据，本节选取距采样点较近的北坡太白县与南坡佛坪县气象站 1959～2015 年逐月平均气温和总降水的平均值进行分析（图 6-2），并使用 Mann-Kendall 法对气象数据进行均一性检验（Kendall et al.，1990）。考虑到气候对植物径向生长的"滞后效应"，气象资料不仅选用同期气温和降水还选取了前期气温、降水与两个样地的 RES 年表进行分析。本节利用 Dendroclim2002（Biondi，2004）和 SPSS 软件对年表以及气候因子作相关分析和多元线性回归分析。

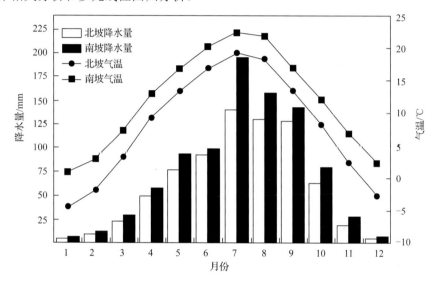

图 6-2　太白山南、北坡气象站 1959～2015 年逐月平均气温和总降水量

6.2.2　不同坡向太白红杉径向生长对气温、降水响应的差异性

1. 年表统计特征分析

表 6-2 为南北坡树轮宽度序列 RES 年表统计特征，可以看出，太白山南、北坡太白红杉差值年表统计特征值差异明显。平均敏感度代表年轮宽度逐年变化的状况，树木的年轮宽窄变化越大，则树木对环境变化的敏感度越高，北坡上板寺样地差值年表（SBS）的平均敏感度和标准偏差均高于南坡药王店样地差值年表（YWD）；另外，北坡 SBS 一阶自相关系数高于南坡 YWD，反映了北坡 SBS 受到前一年气候影响强于南坡 YWD，南坡 YWD 的信噪比大于北坡 SBS，说明南坡 YWD 的太白红杉生长环境所受的干扰相对较少，即北坡太白红杉树木年轮宽度生长对环境更加敏感。此外，两个采样点树与树间相关系数以及第一向量百分比都较高，表明太白红杉径向生长能够很好地反应气候变化的一致性。

图 6-3 和图 6-4 树轮宽度 RES 年表及样本量可知，虽然两个样地太白红杉树龄不同，但二者大多数样本都超过了 50 年，且宽度指数序列具有相似的波动状况，

峰值和谷值的时间基本重合，反映太白山南北坡具有相似的气候变化过程，SBS宽度指数序列的波动幅度明显比 YWD 大，表明树木径向生长在 SBS 处对外界环境变化的反应比 YWD 更为敏感，这一点与年表统计值的对比结果一致。即 SBS和 YWD 年表都含有较多的气候信息，适合做树木气候学分析。

表 6-2　北坡与南坡树轮宽度序列 RES 年表统计特征

特征参数	北坡年表（SBS）	南坡年表（YWD）
平均敏感度	0.22	0.19
标准偏差	0.19	0.18
一阶自相关系数	0.05	0.002
第一主成分所占方差量/%	48.67	38.80
信噪比	1.19	4.73
树间相关系数	0.45	0.35
样本总体代表性	0.95	0.93

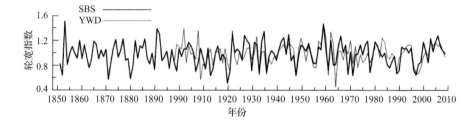

图 6-3　SBS 与 YWD 树轮宽度 RES 年表比较（秦进等，2016）

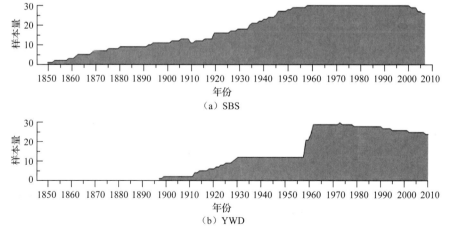

图 6-4　SBS 与 YWD 样本量示意图（秦进等，2016）

2. 树木年轮宽度与单月气温及降水的相关性

1）树木年轮宽度与单月气温相关性

图 6-5 为太白红杉与逐月平均气温和月总降水量的相关性，两样点的树轮宽度指数对气候要素的响应表现出相对一致性和空间差异性。两样点树轮宽度指数均与当年 2 月、3 月、5 月、6 月的气温呈正相关，其中，北坡 SBS 与 2 月和 6 月气温的呈显著相关，而南坡 YWD 与月气温的相关性均未达到显著性水平，表明南、北坡太白红杉径向生长皆对初春的气温比较敏感，这与以往研究认为初春温度是亚高山地区树木径向生长的主要气候因子的观点一致，因为生长季前期的高温有助于减少冬季植物的睡眠水平，提升土壤和树叶的温度，加快根系和发芽速率，提早树木形成层细胞的分裂，从而产生较宽年轮，而随着气温升高，温度不再是限制树木生长的主要因子，因此相关性下降或者表现为负相关，如 8 月南北坡和 7 月南坡轮宽指数与月气温表现出负相关。

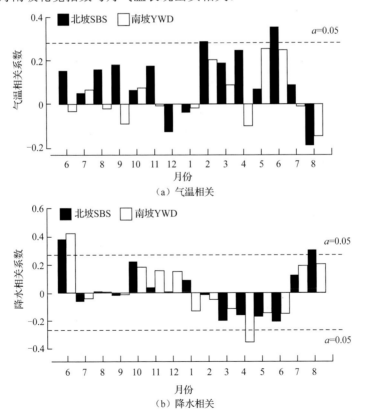

图 6-5　太白山南北坡太白红杉轮宽指数与月均温和月总降水量相关性

2）树木年轮宽度与月总降水量相关性

图 6-5 表明南北坡两样点树轮宽度指数均与前一年 6 月、10～12 月和当年 7、8 月的降水呈正相关，且二者与前一年 6 月和当年 8 月降水呈显著正相关，而与当年 3、4、5、6 月的降水量呈负相关，其中与南坡 YWD 4 月降水量呈显著负相关。相对于温度而言，降水对树木年轮的滞后影响较大，特别是太白山冬季积雪，有利于土壤保温，良好的土壤水分状况利于来年树木光合作用、养分积累，有助于形成较宽轮。同时，气候变化对亚高山森林的影响主要依赖于冬季积雪的积累厚度和春季积雪的融化速度；3～6 月降水过多会造成温度下降，光合作用速率降低，因此限制了植物的径向生长，4 月份南坡尤甚，容易产生窄轮（Peterson et al.，1994）。

由以上分析可知，两样点太白红杉树轮宽度指数对气温和降水的响应表现出较好的一致性，但在响应敏感度上表现出一定的差异性。北坡树轮宽度指数与温度的相关性较南坡强，从区域气候角度来看，太白山地区属于我国典型的季风气候区，且海拔高，温度低，年均温 7℃左右，而降水比较丰富，温度成为该地区太白红杉生长的主要限制因子，较高的温度有助于山顶冰雪的融化和光合作用对有机质的积累，从而促进树轮宽度增长。YWD、SBS 采样点分别位于太白山南、北两侧，由图 6-2 可知，南坡月均温高于北坡 5℃左右，温度对植物径向生长的限制作用较北坡弱；南北坡气温、降水及地理条件的差异性，也导致南坡 YWD 轮宽指数与当年 4 月降水呈显著负相关，而北坡 SBS 轮宽指数则与当年 8 月的降水存在显著的正相关。

3. 年轮年表与气温和降水累积效应

树木轮宽不仅受某一关键期气候的影响，而且与前期积温、土壤含水量密切相关，因此进一步对不同时段气温和降水的影响效应进行分析（表 6-3）。分析发现，北坡 SBS 与当年 2～6 月和前一年 1～6 月平均气温均达到了极显著水平，而南坡 YWD 仅与当年 5～6 月气温达到了显著性水平（0.31）；无论是北坡还是南坡与当年 1～4 月的降水均呈负相关，且南坡 YWD 达到了极显著负相关，而与前一年 1～6 月平均降水量均呈正相关，且北坡 SBS 达显著相关水平。

表 6-3　南、北坡太白红杉 RES 年表与不同时段气温和降水相关性

气候因子	月份组合	SBS	YWD
	C2～C6	0.36**	0.20
	C5～C6	0.25	0.31*
平均气温	P1～P4	0.40**	0.14
	P1～P5	0.37**	0.13
	P1～P6	0.35**	0.11

续表

气候因子	月份组合	SBS	YWD
	C1～C4	-0.22	-0.39**
	C2～C4	-0.24	-0.38**
	C3～C4	-0.24	-0.38**
平均总降水量	P1～P6	0.32*	0.19
	P2～P6	0.32*	0.19
	P3～P6	0.30*	0.16
	P4～P6	0.31*	0.20

注：C 代表当年，P 代表前一年，字母后数字为月份，如 C2～C6 代表当年 2～6 月。

综上所述，无论是当年还是前一年 1～6 月的气温和降水对太白红杉树木年轮的生长起着关键作用，且这一时段气温对轮宽的形成具有"同步效应"，而降水表现出更强的"遗产效应"，即上一年过多降水可能不利于太白红杉生长，但充沛的雨水却使来年土壤含水量增加，有利于来年太白红杉生长。气温和降水对南坡和北坡太白红杉的生长影响具有相同趋势，但敏感度存在差异，南坡太白红杉生长更多的受当年气候影响，而北坡除受当年气候影响外更受前一年气候的影响，即二者对气候的响应机制存在差异。

4. 气温与降水对年轮宽度的综合影响

选取前一年 6 月至当年 8 月，15 个月的平均气温和总降水量，共 30 个气候因子，建立气候与树轮宽度指数模型。首先对所有气候因子进行标准化处理，统一所有气候因子间量纲，随后再与 SBS 和 YWD 两个采样点的树轮宽度指数分别进行逐步回归分析，结果如表 6-4、表 6-5 所示。由表可知，当拟合因子达到最大时，SBS 样点的 R^2 为 0.42，大于 YWD 样点处 R^2，其值为 0.35，SBS 标准化误差系数为 0.16，小于 YWD 样点处标准化误差系数（0.17），说明 SBS 样点树轮宽度指数与气候因子之间拟合度优于 YWD 样点，并且这与年表特征分析中信噪比、样本总体解释量、样本间相关系数和第一分量方差的变化趋势基本一致。为了更好地对比南北坡树轮宽度指数与气候因子的转换方程，本节以列表的形式表示（表 6-5），其中 B 为各显著因子的系数，t 为各因子的贡献值，P 为显著性值。

表 6-4　线性回归分析模型 R 方和标准估计误差（秦进等，2018）

SBS			YWD		
模型	R^2	标准估计误差	模型	R^2	标准估计误差
1	0.36	0.17	1	0.35	0.17
2	0.42	0.16	—	—	—

表 6-5　线性回归模型显著因子的系数、贡献值和显著性表

显著因子	SBS			显著因子	YWD		
	B	t	P		B	t	P
常量	0.63	1.01	0.32	常量	1.12	19.97	0.00
T_6	0.07	2.71	0.01	P_4	−0.002	−2.59	0.01
T_8	−0.05	−2.02	0.05	—	—	—	—

注：T、P 分别代表气温和降水，下标数字为月份；B 为各显著因子的系数，t 各因子的贡献值，P 为显著性。

由逐步回归模型可知，SBS 样点，当年 6 月的气温对模型拟合贡献最高，其 t 值为 2.713，8 月气温贡献位居第二，t 值为−2.016，二者显著性检验均达到 0.05 水平；YWD 样点，当年 4 月降水因子对模型拟合贡献最明显($|t|$=2.589)，显著性检验达到 0.05 水平(P=0.000)，且 SBS 回归模型的显著影响因子均为气温，而 YWD 回归模型的显著影响因子为降水，说明北坡 SBS 样地处的树轮宽度指数对气温更敏感，而南坡 YWD 样地树轮宽度对降水敏感，这与相关分析所得的结果一致。另外，SBS 处气温最大贡献值为 T_6(t=6.034)大于 YWD 处降水最大贡献值 P_4(t=5.491)，表明北坡太白红杉对气候要素的敏感度较南坡强，且气温的变化更易引起北坡太白红杉树轮宽度的变化，而降水的变化更易引起南坡太白红杉树轮宽度的变化。

6.2.3　不同海拔太白红杉径向生长对气温、降水响应的差异性

1. 年表统计特征分析

太白山海拔每垂直升高百米甚至几十米植被景观就可能发生演替，即使同一植被类型景观和种群也会表现出差异。表 6-6 为不同海拔太白红杉 RES 年表的描述性统计分析值，由表 6-6 可知不同海拔年表的信噪比（SNR）均较高，且样本总体代表性（EPS）值也均超过了 0.85 的阈值，表明所有的年表都是可靠的。太白山平均敏感度（MS），标准偏差（SD）和树间相关系数（R）的最大值均出现在中海拔（SBS2），说明中海拔太白红杉的径向生长具有较高的年际变化性，对气候变化的敏感程度高于另外两个海拔样地，并将不同海拔年表进行合并，生成了总年表 RC_{SBS}（图 6-6）。SSS 为年表起始年代子样本信号强度，可见，中海拔 SBS2 年表的有效年表长度最长，达到 169a。

表 6-6　不同海拔太白红杉树轮宽度差值年表的统计特征

采样点	SBS1	SBS2	SBS3
海拔/m	3062～3068	3107～3214	3346～3403
时段/年	1849～2013	1849～2013	1823～2013
株/芯	15/30	22/45	23/45

续表

采样点	SBS1	SBS2	SBS3
MS	0.18	0.22	0.206
SD	0.17	0.19	0.194
AR1	0.02	0.05	0.08
PC1/%	45.78	48.67	45.04
R	0.42	0.45	0.42
SNR	0.93	1.19	1.29
EPS/%	93.30	96.40	96.70
SSS>0.80（起始年份/株）	1887/9	1870/6	1945/7

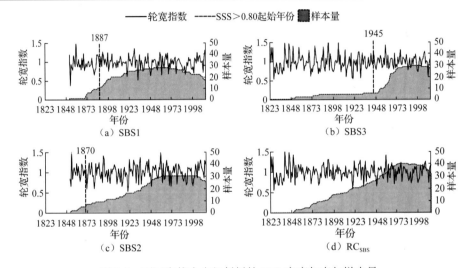

图 6-6　不同海拔太白红杉树轮 RES 宽度年表与样本量

2. 不同海拔太白红杉对月气温和降水的响应

图 6-7 为自 1960 年以来的区域逐月气候与不同海拔太白红杉年表及整体年表之间的相关系数。可以看出，不同海拔高度采样点太白红杉年表对气温和降水响应的趋势基本具有一致性，与气温大多表现出正响应，而与降水呈倒 "S" 形，即与前一年秋冬大多为正响应，除 8 月外，而与当年多为负响应，即不同海拔太白红杉年轮反映了太白红杉相似的生长环境和生长过程，但也表现出差异性。

随着海拔升高，温度成为树木径向生长的主要控制因子，因此轮宽变化对温度变化的敏感性随着海拔升高而降低，尤其在 3 月份（SBS1：0.32；SBS2：0.25；SBS3：0.07）和 6 月份（SBS1：0.42；SBS2：0.31；SBS3：0.15），由显著正相关逐渐变为不相关；而降水与树轮宽度之间，无论是正相关还是负相关，其显著性均随海拔增加而增加，如前一年 10 月（SBS1：−0.18；SBS2：−0.25；SBS3：−0.34）和当年 3 月（SBS1：−0.18；SBS2：−0.25；SBS3：−0.34）。即随海拔升高，太白红杉径向生长对温度变化的敏感性降低，而对降水变化敏感性升高。

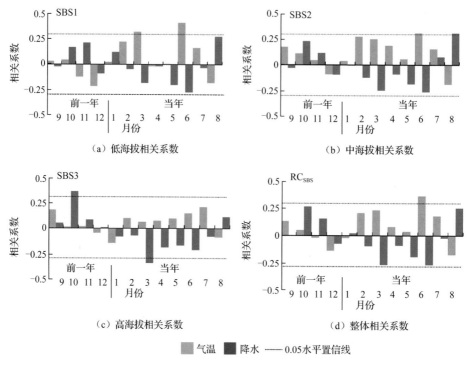

（a）低海拔相关系数　　　　　　　　（b）中海拔相关系数

（c）高海拔相关系数　　　　　　　　（d）整体相关系数

　　　气温　　　降水 —— 0.05水平置信线

图 6-7　不同海拔树轮年表与气温和降水相关性

3. 不同海拔太白红杉对与气温降水的累积效应

图 6-8 为前一年 9 月份至当年 8 月份不同时段平均温度和平均总降水量与太白红杉差值年表相关分析，可以看出，太白红杉轮宽与当年 1～7 月气温均呈正相关而与降水呈负相关。其中，在较低海拔样地与 2～3 月气温相关性最高；在中海拔样地与 2～6 月气温相关性最高；至高海拔，气温已降至接近树木生长临界值，因此无论在哪个时段温度与轮宽均呈不显著相关。而当年 2～6 月降水与树轮宽度，无论在低海拔还是高海拔均呈极显著相关，并随着海拔升高二者相关性越来越显著，但与前一年 10～12 月累积降水呈显著正相关，表明无论是当年 1～7 月降水还是前一年降水的"遗产效应"，随着海拔升高降水对年轮宽度的影响作用均更加突出。因此，前一年秋末和冬季降水的正影响作用和当年前半年降水的负影响作用均达到了显著性水平，太白红杉生长随着海拔变化对降水敏感性愈加突显。而温度的"累积效应"和"滞后效应"对年轮宽度的影响与降水的响应模式存在一定差异，主要表现在中、低海拔，随着海拔升高至中海拔时，前半年温度对太白红杉生长的正向作用均达到了显著相关水平，温度的"累积效应"和"滞后效应"对中海拔太白红杉作用明显；至高海拔，温度的"累积效应"和"滞后效应"对树轮径向生长已无明显作用。

太白红杉树轮宽度除受气温和降水作用外，也受其他环境因素和微地形影响，即使在同一高山区域，干湿度、海拔、坡向等也会导致植被生长对气候变化响应模式的分异，因此应用模型模拟研究日益受到重视。

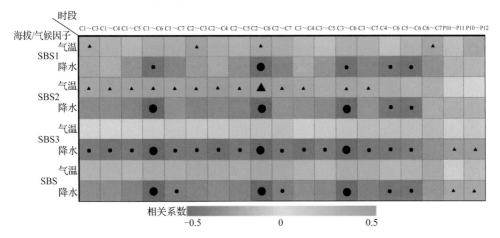

图 6-8　不同海拔太白红杉插值年表与时段气候要素的相关性（秦进等，2018）

C 表示当年；P 表示前一年；▲表示通过 95%的显著性检验的正相关；●表示通过 95%的显著性检验的负相关；
▲表示通过 99%的显著性检验的正相关；●表示通过 99%的显著性检验的负相关

6.3　基于 VS 模型的太白红杉径向生长对气候要素的响应

6.3.1　模型指标界定及模拟过程

1. 指标选取与界定

树木生长受到树木自身和多个环境因子的共同影响，包括土壤、光照、温度和降水等。本节采用的 Vaganov-Shashkin（VS）模型（Vaganov et al.，2006）简化了树木生长的复杂过程，其假设树木的生长速率主要由光照、温度和土壤湿度 3 个气候因子决定，而不受其他因子的限制，且 3 个气候因子对树木径向生长的影响主要体现在细胞分裂的形成层上。VS 模型中，细胞生长速率的计算应用了限制性因子原理。

树木的日生长速率[Gr(t)]可用式（6-1）表示：

$$\mathrm{Gr}(t) = \mathrm{Gr}E(t) \times \min[\mathrm{Gr}T(t), \mathrm{Gr}W(t)] \tag{6-1}$$

式中，GrE(t)、GrT(t)和 GrW(t)为假定其他因子不对树木生长构成影响时，由光照、温度和土壤湿度单独计算得到的生长速率。

（1）树木生长对光照的响应。树木生长对太阳辐射的响应[GrE(t)]，可用纬度（φ）、太阳入射角（θ）和日长（Φ）的函数加以表示：

$$\mathrm{Gr}E(t) = \sin\phi\sin\theta + \cos\phi\cos\theta\cos\Phi \tag{6-2}$$

此处忽略了地球绕太阳运行时的离心率以及大气的透射率的影响。

（2）树木生长对温度的响应。在 VS 模型中，当积温达到给定温度水平(T_{beg})时，树木才开始生长。树木生长对温度的响应[$GrT(t)$]可用分段函数表示，即当气温低于最低生长温度(T_1)时，树木不生长；当气温大于 T_1 而低于最适生长温度(T_2)时，树木生长随着气温的升高以线性速度增加；当气温在 T_2 和最适宜温度的上限(T_3)之间时($T_3 > T_2$)，生长速度保持在最高水平，为一常数；当气温高于 T_3、小于 T_4 时，随着气温升高，树木生长呈线性下降。

（3）树木生长对土壤湿度的响应。土壤湿度对树木生长的影响[$GrW(t)$]也可用分段线性函数表示。且类似于温度，同样包含了 W_1、W_2、W_3 和 W_4 4 个参数，其计算过程比温度复杂。每日土壤含水量的变化(dW)由土壤水动态平衡方程计算得到（Alisov，1956）：

$$dW = f(P) - E_r - Q \tag{6-3}$$

式中，$f(P)$ 为日降水量；E_r 为日蒸腾量；Q 为土壤中水的日径流量。

$f(P)$ 的计算公式如下：

$$f(P) = \min[k_1 \times P, P_{max}] \tag{6-4}$$

式中，P 表示实际的日降水量；k_1 为渗透系数（Zhang et al.，1956）。

2. 模拟过程

1）参数选择

本节所用数据包括 2 个气象站的气象资料和 4 个树轮样点的树轮宽度数据。气象资料为位于秦岭南坡的佛坪气象站和秦岭北坡的眉县气象站，1960～2013 年观测的日均温、日降水。树轮采样点包括位于太白山南坡的药王殿（YWD）和位于北坡上板寺的 3 个采样点（SBS1、SBS2、SBS3）。

将佛坪和眉县气象站的日均温、日降水、纬度以及将要模拟的起始年份等数据分别运用到 VS 模型中，然后使用最适合各采样点树木生长的生理参数进行模拟。模型中参数可通过实测和模型模拟调整两种方式来确定。由于缺乏长期实地观测数据，本节采用模型模拟调整获取参数。首先参照已有模拟研究的参数范围（Vaganov et al.，2011）给出一个估计的参数初始值来模拟生长量，然后利用模拟的结果与实测值进行对比、调试模型参数，最终获得各个参数的数值（表 6-7）。

表 6-7　太白山南北坡太白红杉生理过程模拟参数

参数	描述	采样点			
		SBS1	SBS2	SBS3	YWD
T_1	最低生长温度/℃	6.3	4.7	4.5	5.5
T_2	最适生长温度下限/℃	14.3	14	13.1	14.1
T_3	最适生长温度上限/℃	18	18	18	18

续表

参数	描述	采样点			
		SBS1	SBS2	SBS3	YWD
T_4	最高生长温度/℃	30	30	30	30
W_1	生长的最低土壤湿度	0.04	0.055	0.055	0.046
W_2	生长的最优土壤湿度下限	0.17	0.18	0.185	0.18
W_3	生长的最优土壤湿度上限	0.25	0.25	0.23	0.30
W_4	生长的最高土壤湿度	0.34	0.33	0.31	0.41
W_{max}	田间持水量	0.36	0.36	0.36	0.35
T_{beg}	开始生长的积温/℃	60	60	60	60
D_{root}	根深/mm	710	720	725	730
P_{max}	使土壤饱和的最大日降水量/mm	20	20	20	20
K_1	降水渗透到土壤的系数	0.7	0.71	0.71	0.717
K_2	植物蒸腾量的第一系数，和降水有关	0.12	0.12	0.12	0.12
K_3	植物蒸腾量的第一系数，和温度有关	0.17	0.17	0.17	0.18
K_r	计算土壤水地下径流系数	0.01	0.01	0.01	0.01

2）模拟结果

VS 模型模拟的各采样点太白红杉径向生长的各个参数值见表 6-7。在调试各参数的过程中发现，采样点 YWD 太白红杉的生长对于最低生长温度(T_1)、最适生长温度下限(T_2)两个参数最为敏感，而采样点 SBS1、SBS2 和 SBS3 太白红杉的生长不仅对 T_1、T_2 较为敏感，而且对生长的最低土壤湿度(W_1)和生长的最优土壤湿度下限(W_2)两个参数也很敏感。模型对其他参数的变化也有一定的敏感性，但其变化不大。

基于表 6-7 的参数，利用 SPSS 分析软件计算 VS 模型模拟得到的各采样点树木径向生长序列与标准宽度年表之间的相关性图（图 6-9）。图 6-9 中，R_1、R_2 分别表示模拟年份模拟序列和实测序列的相关系数和 5a 滑动平均值，可以看出，各采样点基于气象数据模拟的树轮宽度序列与标准宽度年表之间的相关性显著（$P<0.0001$），采样点 SBS1、SBS2、SBS3 和 YWD 的 R_1、R_2 值分别为 R_1=0.641、0.536、0.553 和 0.563（R_2=0.828、0.563、0.515 和 0.658）。通过 VS 模型对秦岭太白红杉进行模拟得到的宽度序列数值与实测值具有很好的契合度，表明该模型适用于秦岭太白红杉。因此，借用 VS 模型揭示秦岭太白红杉与气候因子之间的响应过程是可行的，同时利用该模型能更好地从生理过程角度理解该树种径向生长与其限制性气候因子的关系。

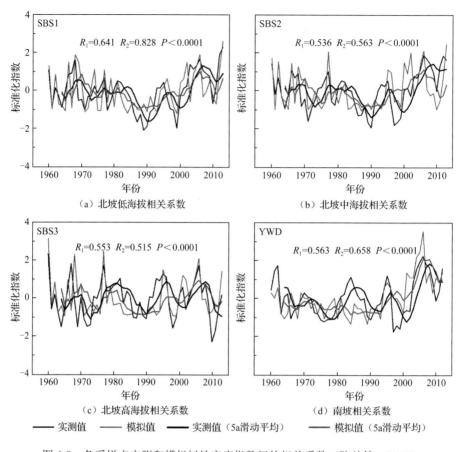

图 6-9 各采样点实测和模拟树轮宽度指数间的相关系数（陈兰等，2018）

6.3.2 基于 VS 模型的太白红杉径向生长对气候因子的响应

1. VS 模型的模拟结果与 STD 表述的一致性

6.2 节分析了太白红杉各采样点的 STD 与相应气象站当年的月均温和月降水量的相关性，可以看出，3～6 月温度对太白红杉的生长起着至关重要的作用，即 3～6 月温度越高，越有利于太白红杉的生长，生长季前期（3～6 月）部分月份的降水可能会抑制太白红杉的生长，而 8 月的降水可能会促进太白红杉的生长。VS 模型的模拟结果显示，太白红杉的生长速率主要受由温度和土壤湿度决定的低生长速率影响。温度对太白红杉树木径向生长的限制作用主要体现在 4～8 月，这与 STD 表征的太白红杉年轮宽度与生长季前期同温度呈正相关、与 8 月气温呈负相关一致；与土壤湿度对太白红杉树木径向生长的限制作用主要体现在生长初期 4～6 月及 7、8 月，这一结果与 STD 所得年轮宽度与 3～6 月降水呈负相关、与 8 月降水呈正相关的结论基本一致，只是土壤湿度除主要受同期和前期降水外，还与温度、光照、风速等环境因子有关，土壤湿度能更好地反映树木径向生长对水分的需求。

2. 树轮宽度与限制性气候因子

为了更好地理解气候因子变化对树轮宽度的影响，在模拟过程中，选取各采样点模拟的树轮宽度较大值和较小值所对应的年份，作为对应采样点的宽年和窄年，对比分析 4 个采样点特征宽年和窄年由温度和土壤湿度决定的树木平均径向生长率，由模拟结果可见，秦岭南北坡太白红杉树木径向生长在宽窄年的差异体现在温度和土壤湿度上（图 6-10）。除 SBS3 外，温度对于各样点宽年的作用几乎体现于整个生长季的 4～8 月；但温度对于各样点窄年的作用主要体现在 5～8 月，其作用晚于宽年，这标示着 4 月温度可能是太白红杉树木径向生长的关键影响温度。由于温度的"滞后效应"，4 月温度异常，可能引起 5 月太白红杉出现窄年，如低温或者多雨。而样点 SBS3 由温度决定的宽年生长速率则体现在 5～8 月。

土壤湿度决定的北坡树木径向生长的宽年主要集中在 4～8 月，7 月左右最为突出，8 月以后影响甚微，但土壤湿度对于各样点窄年的作用主要体现在 4～7 月，5 月中旬达到高峰，由本节分析可知树木年轮宽度与 3～6 月降水呈负相关，而与 8 月降水呈正相关。经统计分析各采样点特征宽年发现，北坡样点 5 月、6 月的月降水量小于特征窄年，而 7 月和 8 月的月降水量大于特征窄年，因为 5 月高山上气温偏低，降水相对较少则土壤温度较高，有利于宽轮形成，至 7 月、8 月时气温已达全年最高，温度已不是太白红杉生长的制约因素，降水增多更利于植物生长，即在北坡 5 月左右月降水过多可导致窄年形成。而南坡样点 YWD 特征宽年 4 月、7 月、8 月的月降水量小于特征窄年，即在南坡 8 月降水量过大也可能导致窄年形成；另外，南坡采样点 YWD 由土壤湿度决定的生长速率差异小于北坡采样点 SBS1、SBS2 和 SBS3。

总的来说秦岭太白红杉的生长受温度条件的影响大于降水的影响，康永祥（2010）、秦进（2017）等研究也表明 4～8 月的温度与树木生长之间呈正相关关系，秦岭太白红杉分布于温度较低而海拔较高的高山区，生长季的温度越高，越有利于植物的光合作用，从而增加有机质的积累，形成宽轮；反之，则形成窄轮。生长初期的降水量与树木生长之间呈负相关，可能是由于植物刚刚进入生长季时，过多的降水会导致温度下降，光照减少，影响植物的光合作用，从而形成窄轮。7 月、8 月的降水与太白红杉径向生长之间的响应关系因坡向而有所差异，这与秦岭南北坡的气候差异有密切关系，7 月、8 月为秦岭区域气温最高的时段，同时也是降水量最大的时段，但是，该时段内南坡的温度略低于北坡，更值得一提的是，该时段南坡的降水量接近北坡的 2 倍。因此，对北坡而言，该时段温度和光照条件都比较充分，丰富的降水有利于树木体内储水以供生长所需，并对植物后期的生长和光合产物的积累具有促进作用，从而形成宽轮；反之，则形成窄轮（Peterson et al., 1994）；秦进等（2016）在研究太白山南北坡太白红杉对气候响应的差异时发现，对于南坡而言，该时段降水充足、土壤湿润，降水可能已经不再是树木生长的限制因子，因此降水与树木径向生长之间不相关或负相关。

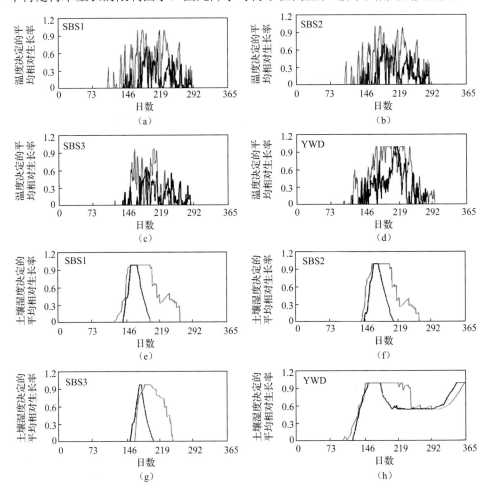

图 6-10　特征宽年（灰色）、窄年（黑色）由温度和土壤湿度决定
的树木平均生长率对比（陈兰等，2017）

3. 模型参数与区域差异性

从树木生理角度来讲，不同的树种以及不同地区的同一树种对其环境因子的响应是不同的。因此，利用模型模拟的各参数也不同。例如，与模拟贺兰山油松得到的参数（W_1=0.02、W_2=0.1）相比（史江峰等，2006），秦岭太白红杉生长的最低土壤湿度和最优土壤湿度下限较高，这可能是由于秦岭区域位于内陆季风区，

降水量远远高于位于干旱区的贺兰山,后者则需要充分利用水源以保证树木生长。与 Zhang 等（2016）模拟柴达木祁连圆柏得到的参数（T_1=3,T_2=12）相比,秦岭太白红杉生长的最低温度和最适宜生长温度下限较高,祁连圆柏常见于阳坡地带,接收到的光照和热量较多,能在温度较低的情况下生长,而本章太白红杉的生长环境光照条件较差,需要较高的温度才能开始生长。此外,本章模拟太白红杉所需的各参数与 Evans 等（2006）模拟北美和俄罗斯部分树种所取参数（T_1=5,W_1=0.04,W_2=0.2）较为相似。

利用 VS 模型模拟秦岭不同坡向以及同一坡向不同海拔太白红杉的各参数同样存在差异：就所需的温度条件（T_1、T_2）而言,位于同一海拔,南坡样点 YWD所需的温度条件大于北坡采样点 SBS2;位于同一坡向,由低海拔至高海拔 SBS1（3065m）～SBS2（3210m）～SBS3（3403m）所需的温度条件逐渐降低。就所需的土壤湿度条件（W_1,W_2）而言,由低海拔至高海拔 SBS1（3065m）～SBS2（3210m）～SBS3（3403m）所需的土壤湿度条件逐渐增大。这些参数的差异可能与各采样点的生境有关,具体来讲,秦岭北坡冬春季节温度较低,而南坡温度较高,因此常年生长在北坡 SBS2 的太白红杉比生长在南坡同一海拔的 YWD 更能适宜低温环境;位于北坡不同海拔的 3 个采样点,随海拔上升,气温降低,由于太白红杉长期对环境的适应,高海拔样点生长所需的温度条件低于低海拔采样点,但是,由于高海拔采样点土层较薄,较大的过山风会加速土壤含水量的蒸发,因此,高海拔采样点需要更大的土壤含水量才能保证树木生长。

6.4 基于轮宽指数的牛背梁巴山冷杉对气候要素的响应

考虑到巴山冷杉的生长特性以及气候对植物径向生长影响的"滞后效应",本节选取位于采样地最近的柞水县气象站（33°41′24″N,109°8′24″E）前一年 9 月至当年 8 月的气温、降水与年轮序列进行相关性分析,气象数据时段为 1960～2013年。使用 Mann-Kendall 法（Kendall et al.,1990）对气象数据进行均一性检验,经过检验确认数据可靠,气温和降水数据变化相对均一。分析过程选用 SPSS软件,采用多元线性回归法建立巴山冷杉树轮宽度指数与气候因子之间的关系模型。

6.4.1 年表特征与年表选择

牛背梁巴山冷杉树轮宽度标准年表（STD）及差值年表（RES）主要特征参数见表 6-8。平均敏感度是反映气候的短期变化和高频变化的主要指标,它既可以度量相邻年轮之间宽度变化情况,也能判断一个年表的优劣。RES 年表的平均敏感度（0.21）高于 STD 年表（0.16）,反映牛背梁地区巴山冷杉树轮宽度差值年表能反映更多的高频变化信号，并含有较高的环境变化信息。两类年表样本总体代表性（EPS）均超过 90%，表明该地带树木年轮含有较多环境信息，树间相关系数均为 0.3 左右，说明树木间的年轮生长较为一致，第一主成分方差解释量均超过了 30%，体现了年表中各样本序列的同步性较好。STD 年表的一阶自相关系数值达到 0.6283，反映当年树轮宽度变化很可能还受前一年环境的强烈影响。由于平均敏感度较高的样本一般持有更多气候信息，RES 年表虽多数特征参数值略低于标准化年表，但其平均敏感度拥有优势（0.21>0.16），因此本章选择 RES 年表进行研究，当样本量达到 14 个时，EPS>0.85，起始年分为 1953 年。图 6-11 为牛背梁 RES 年表树轮宽度年表与样本量。

表 6-8　牛背梁巴山冷杉树轮宽度 STD、RES 的主要特征参数

年表类型	平均敏感度	标准偏差	一阶自相关系数	第一特征向量百分比/%	样本总体解释量/%	树间相关系数	信噪比
STD	0.16	0.27	0.63	30.43	92.7	0.293	19.38
RES	0.21	0.19	-0.02	30.35	92.6	0.307	18.37

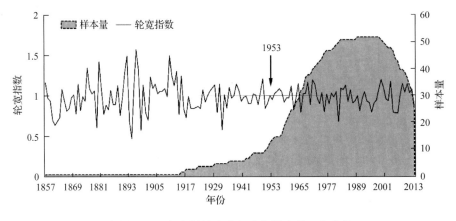

图 6-11　牛背梁 RES 年表树轮宽度年表与样本量（秦进等，2017）

箭头所指为样本总体代表性(EPS) > 0.85 的年份

6.4.2　树轮宽度与气温、降水的关系

1. 树轮宽度与逐月气温、降水的相关性

图 6-12 显示了采用相关函数分析所得树轮差值年表对前一年 10 月至当年 9 月气温、降水的响应特征。可以看出，年轮序列与当年 1 月、2 月、3 月、6 月、7 月、8 月及前一年冬季 10 月、11 月份平均气温均为正相关关系，其中 2 月呈极显著相关（$P<0.01$），相关系数达到 0.45，与前一年 10 月呈显著相关，而与 4、5

月的相关性较低，与前一年 12 月份气温变化呈负相关。与气温相比，年轮序列与降水的相关性弱且正相关多于负相关，其中 2 月呈显著性负相关（相关系数−0.33，$P<0.05$），其余均未通过显著性检验。

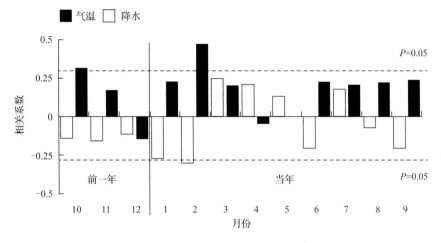

图 6-12　巴山冷杉差值年表与月均温、月总降水量的相关性（秦进等，2017）

2. 树轮宽度与气温、降水的累积效应

表 6-9 为通过显著性检验的不同时段气温、降水与树轮宽度指数的相关性，结果显示，年表与当年 1～8 月各时段气温及前一年 10～11 月的平均气温均呈显著正相关；年表与各个时段平均总降水量的相关性，除与当年 1～2 月的平均总降水量显著负相关（$P<0.05$）外，其余均未通过显著性检验。

表 6-9　树轮差值年表与多月尺度气候要素的相关分析结果

时段	相关系数	
	气温	降水
C1～C2	0.440**	−0.364*
C1～C3	0.437**	−0.041
C1～C4	0.392**	0.143
C1～C5	0.399**	0.201
C1～C6	0.404**	−0.037
C1～C7	0.410**	0.125
C1～C8	0.427**	0.056
C2～C3	0.416**	0.033
C2～C4	0.348*	0.199
C2～C5	0.358*	0.233
C2～C6	0.370**	−0.015

时段	相关系数	
	气温	降水
C2~C7	0.380**	0.141
C2~C8	0.404**	0.068
P10~P11	0.363*	-0.183

注：C 代表当年，P 代表前一年，数字代表月份。

将通过显著性检验的逐个气候因子进行标准化处理，采用多元线性回归方法，建立树木径向生长与气候要素之间的关系模型，回归过程选用逐步回归。结果表明，1971~2009 年巴山冷杉树轮 RES 年表与生长季气候因子关系密切。最优回归方程为

$$I_{NBL} = 0.783 + 0.047T_2 - 0.008P_2 (R^2 = 0.48, \ P = 0.000) \tag{6-5}$$

模型中，I_{NBL} 为巴山冷杉年轮宽度指数，T_2 表示当年 2 月平均气温，P_2 为当年 2 月总降水量。判定系数 R^2 达到 0.48，表明回归方程的拟合度较高，调整自由度后的解释方差 R^2_{adj}=0.44，F=10.8 超过 0.01 的极显著水平，能较好模拟树木生长与气候因子之间的关系。从回归分析结果可见，牛背梁巴山冷杉树木径向生长受到了生长季气温和降水因子的综合影响，年轮序列与当年 2 月的月均温呈正响应关系，与 2 月总降水量呈负响应关系。其中，2 月气温对模型拟合贡献最高，系数为 0.05，t 值为 4.05，显著性检验达到 0.05 水平（P=0.000），而 2 月降水的贡献位居第二，系数为-0.01，t 值为-4.22，显著性检验也达到 0.05 水平（P=0.000）。为进一步探明树木生长与初春气温、降水的关系，利用柞水气象站 1971~2009 年相应气候数据代入多元线性回归方程，模拟这段时期巴山冷杉的轮宽指数，重建值与实测值的曲线对比见图 6-13。拟合曲线和实测曲线吻合度较高，具有相同的变化趋势和波动特征，谷峰变化较为一致，二者相关系数达到 0.69（P<0.01），独立样本 t 检验结果 P=0.61，表明实测值和重建值无显著差异，体现了较高的拟合程度。

基于模型能够较好地模拟树木生长与气候因子之间的关系，提取 1971~2009 年柞水气象数据中出现极宽轮以及极窄轮年份的 2 月平均气温及 2 月总降水量，同时计算这两项指标的 39 年平均值（4℃、11.3mm），随后建立各极端年份的 2 月气温、降水统计表（表 6-10），并在图 6-13 中标记出极宽年轮与极窄年轮出现的年份，以多年平均值为参照探究出现极宽轮以及极窄轮年份的气候条件，以揭示制约巴山冷杉树轮宽窄变化的气候因子。

可见，在 1971~2009 年，促成极宽轮和极窄轮的气候条件存在差异且不是单一的，两种气候要素的不同组合造就了不同的巴山冷杉径向生长状态。其中，两种气候条件促使巴山冷杉产生较宽年轮：2 月平均气温高于多年平均值，而总降

水量稍高于多年平均值时，如 1971 年、2003 年；2 月平均气温高于多年平均值，而 2 月总降水低于多年平均值时，例如 1999 年、2008 年。三种气候条件会促使巴山冷杉产生较窄年轮：2 月气温、降水均低于多年平均值时，如 1995 年、2005 年；2 月气温低于多年平均值，而降水高于多年平均值时，如 1990 年、2006 年；2 月气温高于多年平均值，而总降水量远高于多年平均值时，如 2004 年。

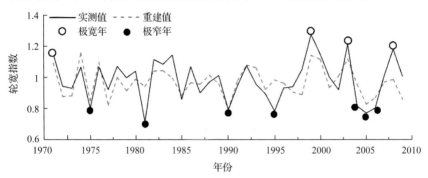

图 6-13　1971～2009 年牛背梁巴山冷杉年轮宽度指数的重建（秦进等，2017）

表 6-10　典型年份 2 月气温、降水量

特征年份		主导气候因子	
		$T_2/℃$	P_2/mm
宽轮年	1971	4.1[*]	13.4[*]
	1999	4.6[*]	1.7
	2003	5.0[*]	20.2[*]
	2008	5.4[*]	6.8
窄轮年	1975	1.1	6.4
	1981	1.6	1.5
	1990	0.6	17.2[*]
	1995	3.0	14.9
	2004	4.3[*]	40.4[*]
	2005	3.9	6.7
	2006	1.7	19.3[*]

注：*代表高于年平均值；T_2 表示当年 2 月平均气温；P_2 为当年 2 月的总降水量。

6.4.3　不同海拔巴山冷杉径向生长对气温和降水的响应

1. 年表统计特征分析

由 6.2 节分析可知，不同海拔太白红杉对气温、降水响应存在不同的响应模式，那么巴山冷杉对气候变化的响应是否也受海拔的影响呢？表 6-11 为不同海拔差值年表同区间（1975～2008 年）的主要特征参数，由表可知，各海拔年表的平均敏感度较高，在 0.18～0.20。随海拔升高，平均敏感度呈逐渐上升的梯度性规律，表明随海拔增加，相应地带树木生长对环境变化的敏感性逐渐上升。各序列的样本总体代表性、第一特征向量百分比、树间相关系数、信噪比均随着海拔的升高呈现先下降后上升的趋势，反映各样本序列的同步性和气候信息量随海拔上升而呈现中间低两边高的单谷分布格局。可见，森林最上线年表所体现的环境变化敏感度及所包含的气候信息量均为最高，而林线中部年表一阶自相关最高，受前一年气候的影响最显著。

对比树轮宽度指数及样本量（图 6-14），发现不同海拔树轮宽度指数序列峰谷变化趋势和波动特征基本一致，表明林线巴山冷杉均受同一限制因子的影响。在 1975～2008 年高海拔样地年表的波动幅度最强烈，低海拔的波动幅度最微弱，符合年表平均敏感度随海拔变化的规律（表 6-12）。

表 6-11　不同海拔差值年间的主要特征参数

样地代号	NBLX	NBLZ	NBLS
平均敏感度	0.19	0.20	0.20
标准偏差	0.15	0.19	0.18
一阶自相关	0.33	0.43	0.13
第 1 特征向量百分比/%	34.84	33.08	49.70
样本总体代表性/%	93.3	91.7	94.6
R_1	0.31	0.27	0.39
R_2	0.25	0.23	0.46
R_3	0.36	0.31	0.35
信噪比	40.67	31.59	40.70

注：R_1 为样本间平均相关系数；R_2 为树间平均相关系数；R_3 为同一树木样间平均相关系数。

2. 年轮年表与月气候因子相关性

由图 6-15 可见，林线各海拔轮宽指数与逐月气温的相关性基本一致，海拔越高树木生长对气温变化的响应越敏感。低、中、高海拔年表均与 1 月、2 月、3 月气温正相关，均与 2 月气温的呈显著正相关，与 4 月、5 月气温呈不显著负相关；在生长季内除 4 月、5 月为负相关外，其余均为正相关关系。但对气温响应敏感度存在差异性。例如，中海拔 NBLZ 年表还与前一年 10 月气温呈显著正相关，而高海拔 NBLS 年表与当年 8 月的气温呈极显著正相关。

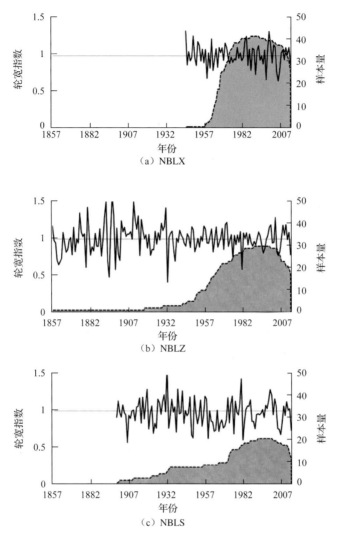

图 6-14　不同海拔差值年表树轮宽度指数序列与样本量（秦进等，2017）

低、中、高海拔年表与当年 3 月、4 月、5 月、7 月降水均呈不显著正相关，其余均为负相关，其中低海拔 NBLX 年表与当年 2 月降水、高海拔样地 NBLS 年表与 8 月降水达到显著负相关，但值得注意的是随海拔升高，1 月、2 月降水对树木年轮负作用逐渐降低，而 6 月、8 月降水对树木年轮负作用逐渐增强。即在生长期之前降水越多越不利于低海拔巴山冷杉生长，而在 6 月、8 月降水越多越不利于高海拔巴山冷杉生长，此时多雨可能会导致低温出现，8 月温度与树木年轮呈显著正相关，温度在雨水充沛的牛背梁可能是影响树木生长的关键要素。

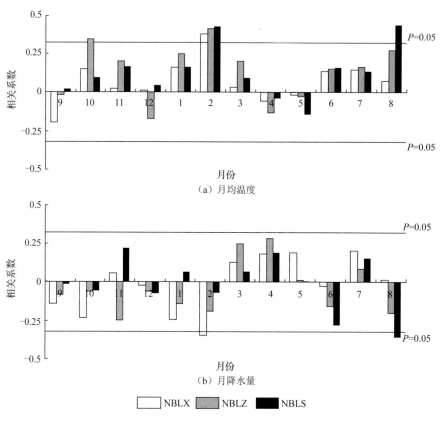

（a）月均温度

（b）月降水量

□ NBLX　　▦ NBLZ　　■ NBLS

图 6-15　差值年表与月均温度、月降水量的相关分析（秦进等，2017）

3. 年轮年表与气温降水的累积效应

图 6-16 为通过显著性检验的年表与不同时段气温、降水的相关性，可以看出，海拔越高，年表与气温相关性通过显著性检验的时段就越长，高海拔 NBLS 年表与生长期月各时段平均气温的相关性均呈显著正相关，1～2 月达到极显著（$P<0.01$）；中海拔样地 NBLZ 年表与当年 1～4 月平均气温的相关性呈显著正相关，与 1～2 月达极显著相关，并受前一年 10～11 月平均气温显著影响，表现出"滞后效应"，同时 NBLZ 年表与当年 3～4 月降水存在极为显著的正相关；低海拔样地 NBLX 年表与不同时段气温的相关性较低，仅与 1～2 月平均气温呈显著正相关，而与当年 1～2 月份的降水呈显著负相关。即在生长期之前无论是降水还是温度对低海拔巴山冷杉生长均起着关键性作用，但二者作用方向相反；而在高海拔样地，整个生长期温度都对巴山冷杉生长至关重要，但对降水则不敏感。

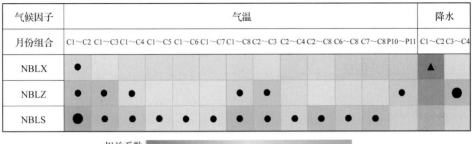

图 6-16　不同海拔巴山冷杉年表与 50a 来不同时段气候要素相关性（秦进等，2018）

C 表示当年，P 表示前一年，数字为月份

●表示通过 95%的显著性检验的正相关；▲表示通过 95%的显著性检验的负相关；
● 表示通过 99%的显著性检验的正相关；▲ 表示通过 99%的显著性检验的负相关

4. 气温和降水对年轮年表的综合影响

本节选择逐步回归法提取树木年轮形成的主导气候要素，最优方程见表 6-12。I_{NBLX}、I_{NBLZ}、I_{NBLS} 分别代表低、中、高海拔年轮指数。T_2、T_8 代表当年 2 月、8 月份气温，$T_{1\sim3}$、$T_{p10\sim11}$ 为当年 1~3 月及前一年 10~11 月平均气温，$P_{1\sim2}$、$P_{3\sim4}$ 代表当年 1~2、3~4 月份平均总降水。回归方程 R^2 皆超过 32.1%，显著因子均通过 95%的显著性检验，F 值均达到 $P<0.01$ 的显著性水平。低、中、高海拔年轮指数对气温、降水综合最优回归模型显示，随海拔升高牛背梁巴山冷杉年轮指数对气温变化越来越敏感，而对降水变化的敏感性降低。

表 6-12　回归模型及主要参数

模型	R^2	F	显著因子	B	t	P
			常量	0.95	18.22	0.000
I_{NBLX}	0.32	8.51	$P_{1\sim2}$	-0.01	-3.05	0.004
			T_2	0.04	3.02	0.005
			常量	-0.15	-0.65	0.209
I_{NBLZ}	0.52	9.15	$T_{1\sim3}$	0.06	2.90	0.006
			$P_{3\sim4}$	0.00	2.93	0.006
			$T_{p10\sim11}$	0.11	3.70	0.001
			常量	-0.53	-1.04	0.306
I_{NBLS}	0.32	8.51	T_2	0.06	2.71	0.010
			T_8	0.05	2.59	0.014

注：R^2 为拟合优度；F 为回归方程的显著性检验值；B 为各显著因子的系数；t 为显著因子的贡献值；P 为显著因子的显著性值。

6.5　巴山冷杉径向生长对不同时段气候响应的分离效应

6.5.1　年表的统计特征

表 6-13 为牛背梁保护区巴山冷杉树轮年表在 1969～2011 年共同区间的基本统计结果。其中，平均敏感度（mean sensitivity，MS）是度量相邻年轮之间年轮宽度的变化情况，因此它主要反映气候的短期变化和高频变化，该指标在 3 种年表的数值范围为 0.16～0.19，说明了巴山冷杉对于本地区气候要素变化反应敏感，可以被用来研究树木径向生长与气候要素间的关系。一阶自相关系数的大小，能够反映上一年的气候状况对当年轮宽生长影响的强弱，差值年表的一阶自相关系数为 0.033，低于标准年表的 0.608，表明差值年表中树木生长受前期气候因素的"滞后效应"影响较小。标准年表（STD）和差值年表（RES）样本总体代表性（EPS）均超过了 0.9，表明树轮样芯中所含信号能够代表整体特征，同时包含着较多的环境信息；标准化年表（STD）和差值年表（RES）树间相关系数较低，分别为 0.19 和 0.23，可能是由于所选用的样芯数量较多，又是取自 5 个海拔高度和坡向不同的样点，导致其相关性较低；信噪比（SNR）均较高，表明巴山冷杉对于周围的环境变化有着较为敏感的响应；但第一主分量的解释量较低，均未超过 30%，造成这一结果的原因可能与相关系数较低的原因相似，因为样本之间的坡向和海拔的不同，使得影响该样点树木生长的气候要素并不完全一致。在对各样点样条序列分别进行了年表建立的工作后发现，各个样点第一主成分的解释量范围是 30.4%～44.1%，均高于所采样本整体的第一主分量的解释量，说明在相同的生长环境中，影响树木生长的因子相对集中为几个共同因子或者主要受某些因子的限制。

表 6-13　秦岭牛背梁自然保护区巴山冷杉年表的统计特征及共同区间分析

统计特征	年表类型		
	标准年表（STD）	差值年表（RES）	自回归年表（ARS）
平均指数	1.01	0.99	0.99
平均敏感度（MS）	0.16	0.19	0.16
标准偏差（SD）	0.25	0.18	0.20
一阶自相关系数（AC1）	0.61	0.03	0.44
树间相关系数（Rbar）	0.19	0.23	—
信噪比（SNR）	10.17	12.60	—
样本总体代表性（EPS）	0.91	0.93	—
第一主成分所占方差百分比（PC1）/%	22.60	26.90	—

　　树轮气候学相关研究证明，在相同样本量（n）的条件下，具备平均敏感度大、一阶自相关系数较低、信噪比高、样本总体代表性好等特点的年表为高质量树轮年表，含有较高的树轮生态学信息。通过对比发现，差值年表（RES）的一阶自相关系数低于标准化年表，平均敏感度、信噪比、样本总体代表性和第一主分量均高于标准化年表。因此，最终选用包含更多的气候要素变化信息，并更能代表树木总体变化的巴山冷杉差值年表来进行气候要素的响应分析，见图 6-17。

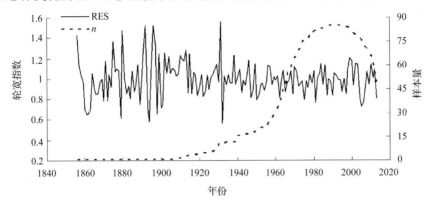

图 6-17　秦岭牛背梁自然保护区巴山冷杉的差值年表及样本量　（高娜等，2016）

6.5.2　树轮指数与气候要素的波动特征比较

　　本章将 1992/1993 年作为分界点，为避免这一时段的划分具有一定的主观性，将差值年表指数与各月气温数据以每 24a 为基本长度单位，每次滑动 1 年，来分析二者之间相关系数的变化（图 6-18）。结果表明，在 1969～2013 年整个研究时段，树轮指数与温度之间的相关性在 1988～1992 年较为平缓，在且仅在 1992/1993 年出现了较大波动，因此将 1992/1993 年作为分界点是合理可行的。

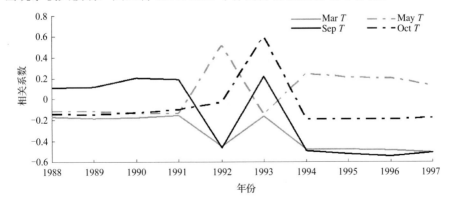

图 6-18　巴山冷杉 RES 年表与各月温度响应的稳定性（高娜等，2016）

T 表示温度，Mar 表示 3 月，May 表示 5 月，Sep 表示 9 月，Oct 表示 10 月

　　将气候要素波动趋势分为 1969～1992 年和 1993～2013 年两个阶段。由树轮指数和气象站年平均温度和降水量这些气候要素在两个时段的箱线图特征可以发现，树轮指数在 1969～1992 年时段的波动幅度较小，相对较稳定，在 1993～2013 年时段的波动幅度要稍大于 1969～1992 年时段，但是两时段的差异并没有达到显著性水平（$F=2.53$，$P>0.05$）（图 6-19）。平均温度在 1993～2013 年时段要稍高于 1969～1992 年时段，但不显著（$F=0.53$，$P>0.05$），同时因为有 1993 年这一近 45a 来的平均温度最低值，所以平均温度在 1993～2013 年时段波动幅度较大。降水量在两时段上的差异没有达到显著性水平（$F=0.08$，$P>0.05$），在 1993～2013 年时段的波动幅度大于 1969～1992 年这一时段，且在 1969～1992 年时段出现极端异常值。

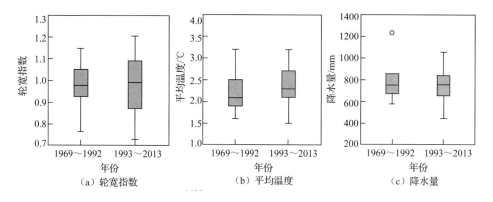

图 6-19　树轮指数与气候要素在 1969～1992 年和 1993～2013 年的箱线图

（高娜等，2017）

分布在箱线图上下边界以外的圆圈为极端异常值

　　由此可见，虽然 1969～1992 年和 1993～2013 年两个时段上的树轮指数、平均温度和降水量的差异并没有达到显著性水平，但是这些因子在两个时段都有明显波动，主要表现为：在 1969～1992 年时段树轮指数偏低，波动较小，温度指标较低；在 1993～2013 年时段树轮指数波动较大，气候特征集中表现为温度这一气候要素的变化趋势更加复杂。根据白红英（2014）对秦巴山区植被的环境变化响应研究可知，1993 年为秦岭地区年均温明显上升的突变点，树轮指数与年平均温度指标在 1993 年以后出现了较为明显的分离现象，具体表现为树轮指数数值要低于年平均温度数值，二者之间的差值呈现扩大趋势；树轮指数与降水量的变化趋势在 1969～2013 年整个研究时段都较为一致。

6.5.3　影响巴山冷杉径向生长的重要气候要素

　　将差值年表（RES）序列与年际、季节气候要素进行相关性分析得表 6-14。

结果表明，秦岭牛背梁巴山冷杉的径向生长，在 1969～1992 年和 1993～2013 年这两个时段均与前一年冬季的平均降水量显著负相关，这是因为巴山冷杉在前一年冬季处于休眠期，这期间降水量的增大，容易使温度发生骤降，巴山冷杉就会遭受冻害，对树木产生一定的破坏，进而推迟来年巴山冷杉生长季的开始时间。在 1969～1992 年时段内，巴山冷杉的径向生长与年际及季节的平均温度未达到显著性相关，而在 1993～2013 年时段，巴山冷杉的径向生长与前一年秋季（前一年 9～11 月）的平均温度呈显著正相关，秋季较高温度有利于巴山冷杉的生长季延长，进而有利于宽轮的形成。

表 6-14　1969～2013 年年表序列与年际、季节气候要素的相关系数

年份	项目	年	前一年夏季（PS）	前一年秋季（PA）	前一年冬季（PW）	当年春季（CS）	当年生长季中后期（ML）
1969～1992	平均温度	-0.26	0.25	0.16	-0.27	-0.07	-0.33
	平均降水量	-0.00	-0.027	0.03	-0.43*	-0.36	0.09
1993～2013	平均温度	-0.06	0.21	0.50*	0.15	-0.18	-0.14
	平均降水量	0.17	0.04	-0.42	-0.42*	0.14	0.15

秦岭地区树木生长活跃期一般为 4～9 月份，由于研究区整体属于半湿润气候区，相对湿度较大，因而温度就成为影响该地区树木生长的较为敏感的气候要素。分析结果表明，树轮指数与温度指标的相关性在 1969～1992 年和 1993～2013 年两个时段上存在着较为明显的差异。20 世纪 80 年代以来，是全球气候的变暖时期，我国气温变化与全球气温的变化基本一致，特别是 90 年代以来，气温迅速上升（延军平等，2001）。这对于巴山冷杉这一耐荫、耐寒、适宜在凉湿气候下生长的树种来说无疑是一种灾害（于倩，2006）。由于巴山冷杉个体生长缓慢，种群自我更新能力较差，温度的变化将会打破它原有的休眠节律，使其生长受到抑制（刘国华等，2001）。数据表明温度的上升是导致森林退化或死亡的主要原因（肖辉林，1995）。

6.5.4　巴山冷杉对气候变化的适应性

为进一步研究树轮宽度与温度出现的"分离现象"，将 1969～1992 年和 1993～2013 年两个时段巴山冷杉差值年表树轮指数与各月气温和降水进行相关性分析得图 6-20，可以看出，巴山冷杉树轮宽度在 1969～1992 年和 1993～2013 年两个时段，与单月温度的相关程度存在明显的差异，甚至方向相反。例如，在 1969～1992 年达显著相关的 5 月和 9 月气温，在 1993～2013 年变为不相关且作用方向相反；与 3 月和前一年 10 月虽然作用方向一致，但敏感性发生了变化。而这两个时段与降水的相关程度则较为一致。例如，与 2 月降水同为显著性正相关，仅与 4 月降水由前段显著正相关转为不显著正相关。即在气温变暖背景下，牛背梁自

然保护区巴山冷杉径向生长受气温影响较降水存在明显的分离效应，表明巴山冷杉对气候变化响应模式发生了变化，且适应性增强。

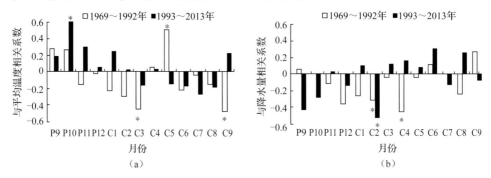

图 6-20　巴山冷杉差值年表树轮指数与各月值气候要素的相关性（高娜等，2016）

P 表示前一年，C 表示当年，＊表示 $P>0.05$

6.6　本 章 小 结

（1）秦岭山地林线主要树种太白红杉和巴山冷杉的径向生长对环境变化敏感度高，均能够很好地反映气候变化，但其年表特征参数在秦岭南北坡表现出差异性。

无论是太白红杉还是巴山冷杉差值年表总体特征均优于标准化年表。太白红杉北坡差值年表的平均敏感度、标准偏差和一阶自相关系数均高于南坡，反映了北坡太白红杉树木年轮宽度生长对环境变化敏感性高于南坡，而南坡 YWD 的信噪比大于北坡 SBS，说明南坡 YWD 的太白红杉生长环境所受的干扰相对较少。

（2）太白红杉径向生长受气温、降水、光照、风速等环境因子的综合影响，气温和降水是其树轮宽度的主控因子，并表现出海拔、坡向响应差异性。

太白红杉 STD 年表分析表明，3～6 月温度越高，越有利于太白红杉的生长，生长季前期降水可能会抑制太白红杉的生长，而 8 月的降水会促进太白红杉的生长；VS 模型的模拟结果显示，太白红杉的生长速率主要受 4～8 月温度和生长初期 4～6 月及 7、8 月土壤湿度决定的影响。即 VS 模型的模拟结果与 STD 年表的表述具有一致性，但土壤湿度能更好地反映树木径向生长对水分的需求。

随着海拔升高，温度成为树木生长的主要控制因子，因此轮宽变化对温度变化的敏感性随着海拔升高而降低，而对降水变化敏感性随海拔升高而升高。

（3）巴山冷杉树轮宽度与全年大多时段气温、春季降水呈正相关性，并受 2 月份气温和降水关键的促进和限制作用，且以 1992～1993 年为界表现出对气候变化响应的"分离效应"。

年轮指数与当年 1～3 月、6～8 月及前一年 10～11 月气温均为正相关关系，而与降水的相关性较弱，大多为负相关。牛背梁巴山冷杉树木径向生长（I_{NBL}）受到了生长季气温和降水因子的综合影响，与当年 2 月的月均温（T_2）呈正响应关系，与 2 月总降水量（P_2）呈负响应关系，最优回归方程为

$$I_{NBL} = 0.783 + 0.047T_2 - 0.008P_2 \quad (R^2 = 0.48,\ P = 0.000)$$

巴山冷杉树轮径向生长在 1969～1992 年和 1993～2013 年这两时段上，对气温变化的响应表现出一定"分离效应"，但在降水的响应上没有表现出分离现象。表明气温变暖背景下，巴山冷杉对气候变化响应模式发生了变化，且适应性增强。

（4）秦岭林线关键树种太白红杉与巴山冷杉径向生长对气候变化存在响应差异性和不一致性，主要表现在主控因子、敏感度和海拔上。

南坡太白红杉径向生长主要受当年 5～6 月气温正向和 4 月降水负向的显著影响，而巴山冷杉径向生长则主要受当年 2 月气温正向和 2 月降水负向的显著影响。太白红杉径向生长与 8 月气温呈负相关关系、与 7 月和 8 月降水为正相关，而巴山冷杉与 8 月和 9 月气温则为正相关、与 8 月降水呈负相关，二者响应效应相反。随海拔上升，太白红杉径向生长对温度变化的敏感度降低，对降水变化敏感性升高；而巴山冷杉年轮指数对气温变化越来越敏感，而对降水变化的敏感性降低。太白红杉和巴山冷杉虽然均为林线树种，但由于所处生境、种群等差异性，表现出对气候变化响应的过程、响应模式差异性。

参 考 文 献

白红英, 2014. 秦巴山区森林植被对环境变化的响应[M]. 北京: 科学出版社.

陈兰, 李书恒, 侯丽, 等, 2017. 基于 Vaganov-Shashkin 模型的太白红杉径向生长对气候要素的响应[J]. 应用生态学报, 28(8): 2470-2480.

陈兰, 2018. 基于 Vaganov-Shashkin 模型的秦岭林线树木对气候变化的响应[D]. 西安: 西北大学.

陈明荣, 1983. 秦岭的气候与农业[M]. 西安: 陕西人民出版社.

狄维忠, 仲铭锦, 1989. 陕西省国家珍稀、濒危保护植物的分布规律[J]. 西北大学学报: 自然科学版, 19(1): 63-68.

高娜, 李书恒, 白红英, 等, 2016. 秦岭牛背梁自然保护区巴山冷杉(Abies fargesii)树轮宽度对气候变化响应的分离效应[J]. 生态学杂志, 35(8): 2056-2065.

高娜, 2017. 秦岭牛背梁自然保护区巴山冷杉径向生长与气候变化的响应关系研究[D]. 西安: 西北大学.

康永祥, 刘婧辉, 代拴发, 等, 2010. 太白山不同海拔太白红杉年轮生长对气候变化的响应[J]. 西北农林科技大学学报(自然科学版), 38(12): 141-147.

康永祥, 刘婧辉, 孙菲菲, 等, 2010. 太白山高山林线区太白红杉年轮宽度对气候变化的响应[J]. 东北林业大学学报, 38(8): 11-13.

刘洪滨, 邵雪梅, 2000. 采用秦岭冷杉年轮宽度重建陕西镇安 1755 年以来的初春温度[J]. 气象学报, 58(2): 223-233.

刘国华, 傅博杰, 2001. 全球气候变化对森林生态系统的影响[J]. 自然资源学报, 16(1): 71-78.

秦进, 2018. 基于树木年轮的秦岭林线典型树种对气候的响应与区域气候重建[D]. 西安: 西北大学.

秦进, 白红英, 周旗, 等, 2017. 牛背梁自然保护区林线不同海拔巴山冷杉径向生长对气候变化的响应[J]. 干旱区地理(汉文版), 40(1): 147-155.

秦进, 白红英, 翟丹平, 等, 2017. 秦岭东部牛背梁自然保护区巴山冷杉树轮宽度与气候因子的关系[J]. 冰川冻土, 39(3): 540-548.

秦进, 白红英, 李书恒, 等, 2016. 太白山南北坡高山林线太白红杉对气候变化的响应差异[J]. 生态学报, 36(17):5333-5342.

史江峰, 刘禹, 蔡秋芳, 等, 2006. 油松(*Pinus tabulaeformis*) 树轮宽度与气候因子统计相关的生理机制——以贺兰山地区为例[J]. 生态学报, 26(3): 697-705.

吴祥定, 1990. 树木年轮与气候变化[M]. 北京: 气象出版社, 65-75.

肖辉林, 1995. 土壤温度上升与森林衰退[J]. 热带亚热带土壤科学, 4(4): 246-249.

延军平, 郑宇, 2001. 秦岭南北地区环境变化响应比较研究[J]. 地理研究, 20(5): 576-582.

于倩, 2006. 神农架巴山冷杉林种群生态学研究[D]. 北京: 中国科学院植物研究所.

张文辉, 王延平, 康永祥, 等, 2004. 太白红杉种群结构与环境的关系[J]. 生态学报, 24(1): 41-47.

张文涛, 江源, 董满宇, 等, 2011. 芦芽山不同海拔华北落叶松径向生长与气候因子关系的研究[J]. 北京师范大学学报: 自然科学版, 47(3): 304-309.

张瑞波, 尚华明, 魏文寿, 等, 2013. 吉尔吉斯斯坦西天山上下林线树轮对气候的响应差异[J]. 沙漠与绿洲气象, 7(4): 1-6.

ALISOV B P, 1956. Climate of the USSR (in Russian)[M]. Moscow: Moscow State University Publication.

BIONDI F, WAIKUL K, 2004. DENDROCLIM 2002: a C++ program for statistical calibration of climate signals in tree-ring chronologies[J]. Computers & Geosciences, 30(3): 303-311.

COOK E R, 1985. A time series analysis approach to tree ring standardization[D]. Tucson: University of Arizona.

EVANS M N, REICHERT B K, KAPLAN A, et al., 2006. A forward modeling approach to paleoclimatic interpretation of tree-ring data[J]. Journal of Geophysical Research: Biogeosciences, 111(G3): 1-13.

FRITTS H C, 1976. Tree Rings and Climate[M]. London: Academic Press.

HOLMES R L, 1994. Dendrochronology Program Library Users manual[M]. Laboratory of Tree-Ring Research, Tucson: University of Arizona.

HUGHES M K, FUNKHOUSER G, 2003. Frequency-dependent climate signal in upper and lower forest border tree rings in the mountains of the Great Basin[J]. Climatic Change, 59(1-2): 233-244.

KENDALL M G, GIBBONS J D, 1990. Rank Correlation Methods [M]. London: Edward Arnold.

PETERSON D W, PETERSON D L, 1994. Effects of climate on radial growth of subalpine conifers in the North Cascade Mountains[J]. Canadian Journal of Forest Research, 24(9): 1921-1932.

ROLLAND C, 1993. Tree-ring and climate relationships for Abies alba in the internal Alps[J]. Tree-Ring Bulletin, 53: 1-11.

SCHWEIGRUBER F H, 1996. Tree rings and environment dendroecology[M]. Berne: Paul Haupt Publisher.

STOKES M A, SMILEY T L, 1968. An Introduction to Tree Ring Dating[M]. Chicago: the University of Chicago Press.

VAGANOV E A, ANCHUKAITIS K J, EVANS M N, et al., 2011. How well understood are the processes that create dendroclimatic records? A mechanistic model of the climatic control on conifer tree-ring growth dynamics[M]//HUGHES M K, SWETNAM T W, DIAZ H F. Dendroclimatology: Progress and Prospects. Berlin: Springer-Verlag.

VAGANOV E A, HUGHES M K, SHASHKIN A V, 2006. Growth dynamics of Conifer tree rings[J]. Ecological Studies, 183: 1-355.

WALTER H, 1984. Vegetation of the earth[M]. New York: Spring-Verlag.

ZHANG J Z, GOU X H, ZHANG Y F, et al., 2016. Forward modeling analyses of Qilian Juniper (Sabina przewalskii) growth in response to climate factors in different regions of the Qilian Mountains, northwestern China[J]. Trees, 30: 175-188.

ZHANG Y X, SHAO X M, XU Y, et al., 2011. Process-based modeling analyses of Sabina przewalskii growth response to climate factors around the northeastern Qaidam Basin[J]. Chinese Science Bulletin, 56(14): 1518-1525.

第7章　秦岭山地未来气候与植被变化预测

7.1　基于 ASD 统计降尺度的秦岭山地气候变化多模式集合预估

气候变化是当前国际社会普遍关注的问题，使人类社会的可持续发展面临严峻的挑战。政府间气候变化专门委员会（The Intergovernmental Panel on Climate Change，IPCC）自 1990 年以来陆续出版了五次评估报告。该系列报告均表明，近百年来，全球地表气温升高已是不争的事实。IPCC 第五次评估报告指出，全球地表气温在 1880～2012 年大约升高了 0.85(0.65～1.06)℃，1983～2012 年可能是北半球过去 1400 年中最暖的 30 年。在全球气候变暖的同时，自 1901 年以来，北半球中纬度陆地降水持续增加，极端天气和气候事件发生频繁，陆地上越来越多的地区出现强降水的频率、强度和降水量在增加。

全球气候变化将会给社会、经济的可持续发展带来一系列的不良影响，并很有可能引发"生态灾难"。秦岭作为我国中部地区东西走向的巨大山脉，地理位置特殊，生物多样性丰富，其对气候变暖的响应更是复杂多变。尽管当前对秦岭地区的多年气候变化趋势以及生态系统对气候变化的响应进行了研究（白红英，2014），但对于秦岭地区在未来情景下的气候变化趋势和影响及适应性的研究还少之又少。在了解已有研究成果的基础上，对秦岭地区的气候变化情景进行预估，可为秦岭地区的防灾减灾、生态文明建设以及经济可持续发展提供重要的决策依据，也可为该区域其他气候变化响应模型提供可靠的数据保障。

7.1.1　全球气候模式与统计降尺度模型

1. 全球气候模式

全球气候模式（global climate model，GCM）是根据公认的物理定律来确定气候系统中各个成分的形状及其演变的数学方程组，然后将数学方程组通过计算机实现程序化而构成。GCM 不仅可用于模拟当代气候，而且可用于模拟边界条件改变所引起的气候变化，是认识气候系统行为和预估未来气候变化实现定量化研究的重要工具之一（辛晓歌等，2012）。

但由于全球气候模式的复杂性，且全球气候模式的分辨率较低，一般在 100～500km，使得气候模式很难为区域尺度的气候变化研究提供可靠的数据支撑，而且当前全球气候模式的时间分辨率，也很难满足像降水和洪水过程等研究的时间尺度的要求（Meehl et al.，2007）。

降尺度是将大尺度、低分辨率的气候模式输出数据通过动力或统计的方法转为到小尺度、高分辨气候数据的过程。目前，主要的降尺度方法有 3 种：动力降尺度、统计降尺度、动力-统计相结合的降尺度。其中，动力降尺度是利用嵌套在全球气候模式中的区域气候模式生成高分辨率气候因子的过程，但动力降尺度依赖于全球气候模式提供的边界条件，应用时需要的计算量很大、耗费机时，而且在模拟降水和温度的空间差异和系统误差方面有时会出现较大的偏差；动力-统计相结合的方法虽然它集结了两种方法的优点，是未来降尺度技术发展的重要方向，但目前仍处于探索时期（成爱芳等，2015）；统计降尺度因其计算量小、模型容易构建、方法多且简单，是目前应用广泛且发展较为成熟的方法。

统计降尺度是利用历史数据建立大尺度预报因子和预报量之间线性或非线性的统计关系，然后用独立的观测资料验证这种统计关系，并将其用于气候模式输出的未来时段的气候因子，从而得到区域未来的气候变化情景。在统计降尺度方法中，预报因子的选择对模拟的效果具有决定性的作用（Winkler et al.，2010），要求选择的预报因子具有较好预报能力，常常通过预报因子与预报量之间的相关性来验证。

2. ASD 统计降尺度模型

统计降尺度模型（automated statistical downscaling model，ASD）是基于回归分析的统计降尺度模型，该模型是在应用比较广泛的统计降尺度模型（statistical downscaling model，SDSM）基础上开发的，依托 MATLAB 环境运行，能够自动实现预报因子选择、模型率定、生成气候情景和情景分析（Hessami et al.，2007）。首先利用全球 NCEP 再分析数据进行模型检验，从气候预报因子集合中选择最优预报因子对模型进行率定，并使用独立的观测数据对模型进行验证；然后将 GCMs 预报因子带入已建立的统计关系生成未来情景预报量的预估资料。

与 SDSM 模型一样，ASD 模型对预报变量可进行条件和无条件模拟。对于降水一般采用条件模拟，而温度采用无条件模拟。因此，日降水模拟分为以下两步：降水发生概率（precipitation occurrence）和降水量（precipitation）：

$$O_i = \alpha_0 + \sum_{j=1}^{n} \alpha_j P_{ij} \qquad (7-1)$$

$$R_i^{0.25} = \beta_0 + \sum_{j=1}^{n} \beta_j P_{ij} + e_i \qquad (7-2)$$

式中，O_i 为日降水发生概率；R_i 为日降水量（mm）；P_{ij} 为预报因子；n 为预报因子的数量；α 和 β 为模型参数；e_i 为模型误差。

日温度的模拟只需一步：

$$T_i = \gamma_0 + \sum_{j=1}^{n} \gamma_{ij} P_{ij} + e_i \tag{7-3}$$

式中，T_i 为温度（最大、最小或平均，℃）；γ 为模型参数。假设 e_i 服从高斯分布，即

$$e_i = \sqrt{\frac{\text{VIF}}{12}} Z_i S_e + b \tag{7-4}$$

式中，Z_i 为服从正态分布的随机数；S_e 为模拟值标准偏差；b 为模型误差；VIF（variance inflation factor）为方差放大因子。当使用再分析数据模拟时，VIF 和 b 分别取 12 和 0。当将用 GCM 模式排放情景时，VIF 和 b 可用以下方程来自动设置：

$$b = M_{\text{obs}} - M_{\text{d}} \tag{7-5}$$

$$\text{VIF} = \frac{12(V_{\text{obs}} - V_{\text{d}})}{S_{\text{c}}^2} \tag{7-6}$$

其中，V_{obs}、V_{d} 分别为实测和模拟系列在率定期内的方差；S_e 为模拟系列标准偏差；M_{obs}、M_{d} 分别为实测和模拟系列的平均值。

统计降尺度过程中最优预报因子的选择十分重要，其很大程度上决定了预报结果。ASD 统计降尺度模型中提供了后向逐步回归和偏相关两种方法用于最优预报因子的选择，本章使用后向逐步回归的方法进行预报因子的选择，该方法逐步移除最不相关的因子，直到剩余的因子都显著相关为止，这不仅有效避免了多重共线性问题，而且有效地找到最有用的预报因子组合。本章使用后向逐步回归方法，在 0.05 置信水平上对温度和降水进行模拟，最大预报因子数设为 5，同时为了增加模拟序列的稳定性，模拟次数设为 100 次。

3. 美国国家环境预报中心再分析数据

美国国家环境预报中心（National Centers for Environmental Predication，NCEP）再分析数据是将多种实测资料利用同化技术处理得到的，能够客观地反映全球的实际气候状态，在全球的区域气候变化研究方面具有一定的合理性。NCEP 资料在统计降尺度方法中作为预报因子与预报量建立合适统计关系，进而对未来气候因子做预估。本章使用了 1961~2005 年 NCEP 再分析数据，选择了覆盖秦岭地区及周边的 16 个网格的 19 个高空与地面变量作为统计降尺度模型的备选预报因子。由于预报因子组合模拟效果要优越于任何单个因子（苏志侠等，1999），因此所用预报因子不仅包括环流因子（风速分量、位势场等）还要包括其他一系列的气候

因子（温度、相对湿度等）（表 7-1）。

表 7-1　所选用的 NCEP 和 GCMs 预报因子

序号	变数	序号	变数
1	500hPa 相对湿度	11	850hPa 纬向风速
2	700hPa 相对湿度	12	近地面纬向风速
3	850hPa 相对湿度	13	500hPa 经向风速
4	海平面气压	14	700hPa 经向风速
5	500hPa 温度	15	850hPa 经向风速
6	700hPa 温度	16	近地面经向风速
7	850hPa 温度	17	500hPa 位势高度
8	近地面温度	18	700hPa 位势高度
9	500hPa 纬向风速	19	850hPa 位势高度
10	700hPa 纬向风速		

7.1.2　基于 ASD 的两种统计降尺度方法适用性评价

尽管经过统计降尺度模型处理的气候模式数据得到广泛应用，但是在降尺度过程中，不同的全球气候模式、不同的预报因子选择以及不同的统计降尺度方法都会对模拟结果造成一些影响。对于不同统计降尺度方法来说，所使用的数学模型不同，对预报量均值、极值、季节分配、年际波动和时空关联信息等的模拟会有很大差异，且不同的统计降尺度方法都有各自的适用范围和优势功能，因此对于统计降尺度方法的比较与选择是目前区域气候变化研究中的一个重要问题。

ASD 统计降尺度模型提供了两种统计降尺度方法：多元线性回归和岭回归。因此需要验证两种降尺度方法在秦岭山区的适用性。ASD 统计降尺度模型是利用站点气象数据（率定期）与大尺度 NCEP 在分析数据建立统计关系，再利用其他时期（验证期）的气象数据对统计关系的模拟效果进行验证，因此要对两种降尺度方法率定期的模拟结果来验证其适用性。

率定期（1961~1990 年）评价指标主要描述两种统计降尺度方法建立的统计关系，对于预报量的模拟效果，选用解释方差（R^2）和均方根误差（root mean square error，RMSE）两个指标评定，解释方差表征建立的统计关系对预报量的方差解释程度，R^2 值越接近 1，表明建立的统计关系对于预报量的拟合效果越好；均方根误差越趋于 0，说明模拟结果越稳定。

表 7-2 和表 7-3 分别是率定期秦岭各站点多元线性回归统计降尺度方法与岭回归统计降尺度方法的解释方差和均方根误差，从表 7-2 和表 7-3 中可以看出，两种统计降尺度方法对气温的解释方差都在 91% 以上，最高达 97%。多元线性回

归统计降尺度方法对各站点的均方根误差都控制在 0.01 以内, 岭回归统计降尺度方法对大部分站点的均方根误差控制 0.025 以内。这表明两种统计降尺度方法均可以很好地模拟研究区的气温。

表 7-2 秦岭各站点多元线性回归统计降尺度方法的解释方差 (R^2) 和均方根误差 (RMSE)

网站	温度		降水	
	R^2	RMSE	R^2	RMSE
宝鸡	0.9693	0.0060	0.2541	0.1003
西安	0.9681	0.0063	0.1943	0.0575
华山	0.9187	0.0093	0.2293	0.1167
略阳	0.9609	0.0043	0.2086	0.1948
汉中	0.9580	0.0053	0.2526	0.1915
佛坪	0.9559	0.0053	0.2225	0.1076
商县	0.9733	0.0040	0.1519	0.0778
镇安	0.9617	0.0059	0.1857	0.1654
石泉	0.9618	0.0075	0.1820	0.1143
安康	0.9566	0.0082	0.1728	0.1179

表 7-3 秦岭各站点岭回归统计降尺度方法的解释方差 (R^2) 和均方根误差 (RMSE)

网站	温度		降水	
	R^2	RMSE	R^2	RMSE
宝鸡	0.9692	0.0157	0.2537	0.1140
西安	0.9677	0.0188	0.1888	0.0776
华山	0.9187	0.0164	0.2275	0.1621
略阳	0.9608	0.0227	0.2044	0.2460
汉中	0.9579	0.0256	0.2498	0.2095
佛坪	0.9558	0.0180	0.2198	0.1533
商县	0.9733	0.0175	0.1400	0.1173
镇安	0.9616	0.0211	0.1792	0.2007
石泉	0.9617	0.0231	0.1669	0.1776
安康	0.9565	0.0253	0.1647	0.1482

两种统计降尺度方法对降水的解释方差范围分别为 15.19%~25.41%, 14%~25.37%, 都明显低于气温的解释方差; 多元线性回归统计降尺度方法对各站点的均方根误差范围是 0.0575~0.1948, 岭回归统计降尺度方法对大部分站点的均方根误差范围是 0.0776~0.246。这表明两种统计降尺度方法都可以在一定程度上模拟研究区的降水。鉴于降水预报量本身的随机性和复杂性, 使得降水的统计降尺

度模拟更有挑战，因此获得这样的模拟结果已经很难得了（Hessami et al., 2008）。在站点尺度上比较两种统计降尺度方法在率定期对气温、降水的解释方差和均方根误差，结果表明，就大多数站点而言无论是解释方差还是均方根误差，多元线性回归统计降尺度方法的模拟效果要优于岭回归统计降尺度方法。

7.1.3 秦岭山地气候变化的多模式模拟

尽管使用统计降尺度方法可以使全球气候模式能够较好地模拟区域尺度上的气候因子，但是单一的全球气候模式在对长时间尺度的气候因子预估过程中仍会产生较大的误差，使用多个全球气候模式耦合的方式对区域尺度未来气候进行降尺度预估就能在一定程度上减少单一模式不确定性带来的误差。

本章选用的 7 个全球气候模式见表 7-4，在国际耦合模式比较计划第五阶段（Coupled Model Intercomparison Project Phase 5，CMIP5）提供的两种排放情景（RCP4.5，RCP8.5）下模式数据，对秦岭山地未来时期（2006～2100 年）气温、降水等气候因子进行降尺度模拟。典型浓度路径（representative concentration pathways，RCPs）是指对辐射活性气体和颗粒物排放量、浓度随时间变化的一致性预测，作为一个集合，它涵盖广泛的人为气候强迫（陈敏鹏等，2010），包括 RCP2.6、RCP4.5、RCP6.0 和 RCP8.5 四类 RCPs。根据 IPCC 发布的情景资料，RCP2.6 为低端浓度路径排放情景，CO_2、CH_4 和 N_2O 三类主要的温室气体排放在 2020 年左右超过峰值，辐射强迫和浓度在 2040 年左右超过峰值，到 2100 年辐射强迫维持在 $2.6W/m^2$；RCP4.5、RCP6.0 为中端浓度路径排放情景，3 类温室气体排放量在 2040 年达到峰值，辐射强迫和浓度于 2070 年趋于稳定，在 2100 年辐射强迫分别将稳定在 $4.5W/m^2$ 和 $6.0W/m^2$；RCP8.5 为高端浓度路径排放情景，3 类温室气体排放量、辐射强迫和浓度，持续增加，到 2100 年辐射强迫达到 $8.5W/m^2$。

表 7-4 全球气候模式信息

模式	模式名称	所属机构	分辨率（$N_x \times N_y$）
模式 1	BNU-ESM	北京师范大学	64km×128km
模式 2	CanESM2	加拿大气候模式与分析中心	64km×128km
模式 3	CNRM-CM5	法国气象研究中心	128km×256km
模式 4	GFDL-ESM2G	美国地球物理流体动力学实验室	90km×144km
模式 5	ISPL-CM5A-LR	法国皮埃尔·西蒙·拉普拉斯研究所	96km×96km
模式 6	MPI-ESM-LR	德国马克斯·普朗克气象研究所	96km×192km
模式 7	MPI-ESM-MR	德国马克斯·普朗克气象研究所	96km×192km

1. 未来两种 RCPs 情景下秦岭山地气温变化预估

基于多元线性回归统计降尺度方法，利用 7 种全球气候模式，分三个时期对秦岭山地气温未来三个时期 2006～2040 年、2041～2070 年和 2071～2100 年的逐月日均温进行降尺度模拟，结果如图 7-1 所示。

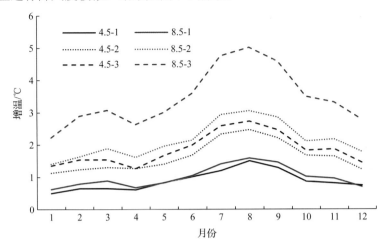

图 7-1　多模式集合预估的不同情景下三个时期秦岭地区气温增幅

4.5 表示 RCP4.5 情景；8.5 表示 RCP8.5 情景；1 表示 2006～2040 年；
2 表示 2041～2070 年；3 表示 2071～2100 年。图 7-2 同

在月尺度上，在 RCP4.5 情景下，21 世纪早期气温最高增温集中在 6～9 月，气温增幅均超过了 1.01℃，其中最大增温出现在 8 月值为 1.5℃，最低增温出现在 1 月值为 0.5℃，其余月份增温范围在 0.61～0.86℃；21 世纪中期气温最高增幅出现在 7～9 月，均超过了 2.21℃，其中 8 月的增幅最大，为 2.47℃，其余月份气温增幅都超过了 1.13℃；21 世纪末期，7～8 月的气温增幅都超过了 2.46℃，8 月气温增幅高达 2.73℃，月气温增幅最小值为 1.27℃。RCP8.5 情景下，21 世纪早期 6～10 月的气温增幅超过了 1.01℃，8 月的增幅最高为 1.58℃，其余月份的增幅范围在 0.62～0.95℃；21 世纪中期 6～11 月的气温增幅均超过了 2.14℃，8 月增幅最高为 3.05℃，其余月份的温度增幅都超过了 1.4℃；21 世纪末期 3 月、5～11 月的气温增幅超过了 3℃，其中 7～9 月的增幅都超过了 4℃，8 月甚至达到了 5.01℃。

在季尺度上，RCP4.5 情景下，21 世纪三个时间段气温增幅范围分别是 0.63～1.24℃、1.20～2.16℃和 1.44～2.44℃。RCP8.5 情景，21 世纪三个时间段气温增幅范围分别是 0.70～1.34℃、1.60～2.71℃和 2.63～4.45℃。无论是 RCP4.5 还是 RCP8.5 情景，夏季气温最高，依次是秋季、春季和冬季。

2. 未来两种 RCPs 情景下秦岭山地降水变化预估

基于多元线性回归统计降尺度方法多模式集合预估的研究区降水变幅结果

如图 7-2 所示。在两种情景下，未来三个时期降水存在时空差异性。在月尺度上，RCP4.5 情景，21 世纪早期降水最大变幅集中在 6～10 月，变幅范围在-13.25～2.61mm/d，其中最大变幅出现在 7 月，为-13.25mm/d，最小变幅出现在 4 月，为0.03mm/d，其余月份增温范围在-0.53～0.49mm/d；21 世纪中期降水最大出现在6～8 月，变幅范围在-22～12.33mm/d，其中 7 月的变幅最大为 22mm/d，其余月份降水变幅范围在-1.51～1.87mm/d；21 世纪末期降水最大出现在 4 月、6～9 月，变幅范围在-21.15～8.40mm/d，其中 7 月的变幅最大为 21.15mm/d，其余月份降水变幅范围在-1.02～2.56mm/d。

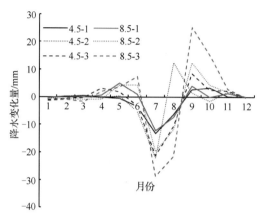

图 7-2　多模式集合预估的不同情景下三个时期秦岭地区降水变幅

RCP8.5 情景，21 世纪早期降水最大变幅出现在 5 月、7～8 月变幅范围在-12.22～5mm/d，其中最大变幅出现在 7 月，为-12.22mm/d，最小变幅出现在 12 月，为-0.01mm/d，其余月份增温范围在-0.22～3.99mm/d；21 世纪中期降水最大出现在 5～10 月，变幅范围在-19.65～12.33mm/d，其中 7 月的变幅最大，为-19.65mm/d，其余月份降水变幅范围在-0.92～1.90mm/d；21 世纪末期降水最大出现在 6～10 月，变幅范围在-28.68～25.11mm/d，其中 7 月的变幅最大，为-28.68mm/d，其余月份降水变幅范围在-1.72～7.4mm/d。

在季尺度上，RCP4.5 情景，21 世纪三个时间段降水变幅范围分别是-7.72～2.01mm/d、-5.03～0.62mm/d 和-11.67～4.35mm/d。RCP8.5 情景，21 世纪三个时间段降水变幅范围分别是-6.26～1.83mm/d、-9～6.22mm/d 和-14.25～14.34mm/d。无论是 RCP4.5 还是 RCP8.5 情景，夏季的降水变幅最大，其中 7 月、8 月降水减少明显，冬季的降水变幅最小。

在年尺度上，RCP4.5 情景，三个时间段降水变幅分别是-1.45mm/d、-1.10mm/d和-1.58mm/d；RCP8.5 情景，三个时间段降水变幅越加不显著，分别是-0.644mm/d、-0.562mm/d 和 0.139mm/d。即在两种情景下，21 世纪秦岭地区年降水整体呈不明显的减少趋势。

3. 2006～2040 年两种 RCPs 情景下秦岭山地年均温、最热月和最冷月气温预测

依据以上未来气温预测结果，利用空间插值法分别获得了 RCP4.5 与 RCP8.5 两种情景下 2006～2040 年秦岭山地年均温、1 月均温及 7 均温空间分布如图 7-3 所示。到 2040 年，在 RCP4.5 与 RCP8.5 两种情景下，秦岭山地年均温分别为-0.92～16.92℃和 0.82～17.02℃；最热月（7 月）均温分别为 8.37～28.61℃和 8.58～28.81℃；最冷月（1 月）均温分别为-9.72～5.13℃和-9.52～5.33℃。

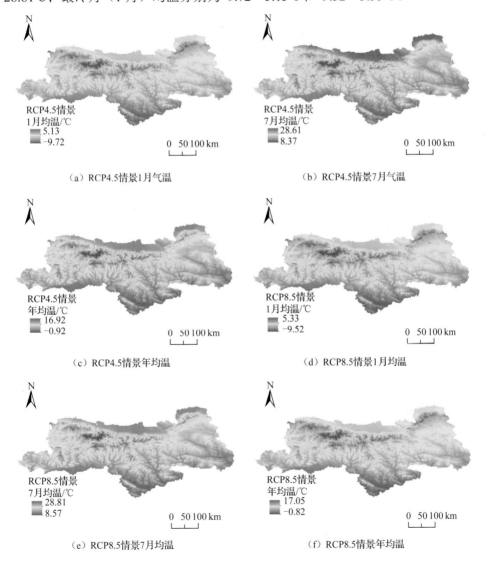

（a）RCP4.5情景1月气温　　　　　　　　（b）RCP4.5情景7月气温

（c）RCP4.5情景年均温　　　　　　　　　（d）RCP8.5情景1月均温

（e）RCP8.5情景7月均温　　　　　　　　　（f）RCP8.5情景年均温

图 7-3　2006～2040 年两种 RCPs 情景下秦岭山地年均温、最热月和最冷月气温

7.2 基于 Biome-BGC 模型的太白红杉林与巴山冷杉林生长动态模拟

7.2.1 太白红杉林生长动态

1. Biome-BGC 模型及其验证

1）Biome-BGC 模型简介

Biome-BGC 模型是由美国国家气象研究中心（National Center for Atmospheric Research，NCAR）和蒙大纳大学共同发展用于模拟全球或区域陆地生态系统碳、氮和水循环、土壤过程与能量交换的生物地球化学循环过程模型（White et al.，2000）。模型利用气象站点描述数据、气象驱动数据和植被生理生态参数，以日尺度为步长，有效模拟陆地生态系统碳、氮、水通量，研究的空间尺度可小到 $1m^2$，大到整个陆地生态系统，在不同生态系统、不同空间尺度和全球不同区域得到很好的验证。

Biome-BGC 模型的输入文件可分为控制文件、气象驱动文件和植被生理生态参数 3 类。控制文件主要包含研究区域经纬度、海拔、植被类型、大气 CO_2 浓度年际变化、土壤机械组成和有效深度等；气象驱动数据包括研究年限日最高最低气温、日平均气温、日降水量、日饱和气压差、日太阳辐射和日长等；生理生态参数包括植被冠层消光系数、比叶面积、最大气孔导度、叶片碳氮比、冠层水分截留系数等 30 余个因子。

模拟过程包括 Spin-up 和常规两个模拟阶段。Spin-up 模式旨在根据已设定的植被生理生态参数，运用工业革命前的 CO_2 浓度值、氮沉降值和研究区气象资料进行长期反复模拟直至模型状态变量达到稳定，视为生态系统达到平衡状态。常规模式一般在 Spin-up 模式基础上，运用目的年限的气象数据、年际变化的 CO_2 浓度数据和植被生理生态参数模拟目的年限的生态系统碳、氮、水动态。Biome-BGC 模型根据不同生态系统类型，给出了常绿阔叶林、落叶阔叶林、常绿针叶林、落叶针叶林、灌木林、C_3 草地和 C_4 草地 7 种自然植被类型的默认生理生态参数数据。

2）模型数据源与处理

选择太白山南北坡太白红杉林生态系统进行研究，其中气象数据为太白气象站点和佛坪气象站点的 1959～2013 年日最高气温、最低气温、平均气温和日降水量，数据来自国家气象信息中心；日蒸汽压差、太阳短波辐射和日长通过山地气候模型 MTCLIM 估算而得，组成模型的气象驱动数据；大气 CO_2 浓度采用美国国家海洋与大气管理局（National Oceanic and Atmospheric Administration，NOAA）观测中心发布的资料。模型所需的样地参数资料如海拔、坡度由研究区数字高程模型获取，土壤机械组成等采用秦岭地区相关研究成果（刘娜利等，2012）。在模型所需要的植被生理生态参数上，Biome-BGC 提供了落叶针叶林的默认生理生态参数，由于目前尚未有针对秦岭太白红杉的一套完整的 Biome-BGC 模型生理生态参数，也未见相关针对性研究，考虑到华北落叶松和太白红杉均为寒温性针叶林落叶松属，且分布海拔相近，查阅相关文献，暂采用范敏锐等学者在计算华北落叶松使用的样地实测和文献获取而来的生理生态参数（范敏锐等，2011）作为太白红杉生理生态参数的参考（表 7-5）。

表 7-5　太白红杉的 Biome-BGC 模型生理生态参数值

类别	参数	参考值	单位
年更新与死亡率	年叶与细根周转率	1	1/a
	年活立木周转率	0.7	1/a
	年整株植物的死亡率	0.005	1/a
	年植物火灾的死亡率	0.005	1/a
碳分配比例	新生细根与叶片的碳分配比	0.96	ratio
	新生茎与叶片的碳分配比	0.74	ratio
	新生木质组织与总所有木质组织的碳分配比	0.071	ratio
	新生粗根与茎的碳分配比	0.29	ratio
	当前生长部分的比例	0.5	prop.
碳氮比	叶片碳氮比	42.15	kg C/kg N
	落叶碳氮比	93	kg C/kg N
	细根碳氮比	139.45	kg C/kg N
	活木质组织碳氮比	159.86	kg C/kg N
	死木质组织碳氮比	730	kg C/kg N
易分解物质、纤维素和木质素比例	叶片枯落物易分解物质比例	0.31	DIM
	叶片枯落物种纤维素比例	0.45	DIM
	叶片枯落物种木质素比例	0.24	DIM
	细根易分解物质比例	0.34	DIM
	细根纤维素比例	0.44	DIM
	细根木质素比例	0.22	DIM
	死木质组织纤维素比例	0.71	DIM
	死木质组织木质素比例	0.29	DIM
叶片与冠层参数	冠层截留系数	0.045	1/LAI/d
	冠层消光系数	0.51	DIM
	叶表面积与投影叶面积比	2.6	DIM
	冠层平均比叶面积	22	m^2/kg C
	阳生、阴生比叶面积比例	2	DIM
	叶氮在羧化酶中的百分比含量	0.08	DIM

续表

类别	参数	参考值	单位
	最大气孔导度	0.006	m/s
	表皮导度	0.00006	m/s
	边界层导度	0.09	m/s
导度、水势和饱和水汽压差	气孔开始缩小时叶片水势	−0.65	MPa
	气孔完全闭合时叶片水势	−2.5	MPa
	气孔开始缩小时饱和水汽压差	610	Pa
	气孔完全闭合时饱和水汽压差	3100	Pa

3）模拟和验证

Biome-BGC 模型目前已受到了国内外学者的广泛使用，近些年来在我国许多地区也得到了应用和验证。但由于目前尚未见该模型在秦岭地区生态系统的应用，且难以找到秦岭山地植被实测的 NPP 资料（袁博等，2013），为衡量模型及其参数在研究区域的适用性，利用本章的模型数据，模拟了太白山南北坡太白红杉1959~2013 年净初级生产力（NPP）的动态变化，估算北坡太白红杉林平均年 NPP 为 349.28g C/(m²/a)，南坡平均年 NPP 为 460.56g C/(m²/a)，南北坡平均 NPP 为404.92g C/(m²/a)。采用秦岭地区之前的研究成果与模型模拟结果进行比对，以及太白红杉林 1959~2013 年年轮数据和模拟值进行对照，验证模型在秦岭地区太白红杉生态系统的适用性。

李亮等（2013）利用植被动态过程模型（LPJ-GUESS）模拟估算 1958~2008年太白红杉平均 NPP 为 380g C/(m²/a)，且均呈现逐年增加的趋势。王娟等（2016）使用 MODIS17A3 数据等，应用 GIS 及数学统计方法，得出 2000~2013 年秦岭林地植被 NPP 均值在 400~600g C/(m²/a)，且海拔 1500m 以上 NPP 呈下降趋势。陈志超等（2013）利用类似的方法得出秦岭山脉东延伏牛山地区植被 NPP 均值在300~600g C/(m²/a)。袁博等（2013）基于 NDVI 数据和气象数据，利用 CASA 模型模拟估算得出 1999~2009 年秦岭山地平均年 NPP 为 542.24g C/(m²/a)，其中 2001 年最低，为 471.78g C/(m²/a)，2008 年最高，为 718.77g C/(m²/a)。

将这些研究成果和本章研究模拟结果进行比较（图 7-4），可以看出，Biome-BGC 模型的模拟结果与这些研究结果基本一致。利用太白红杉林 1959~2013 年年轮数据和模拟值进行对照（图 7-5），北坡 NPP 模拟值与年轮指数拟合较好，南坡拟合较差，可能是因为南坡满足要求的树轮样本较少，以及南坡季风性气候强，降水年际差异明显，NPP 波动较大，这两个原因导致拟合不佳，总体来看，轮宽指数和模拟 NPP 值趋势基本一致。

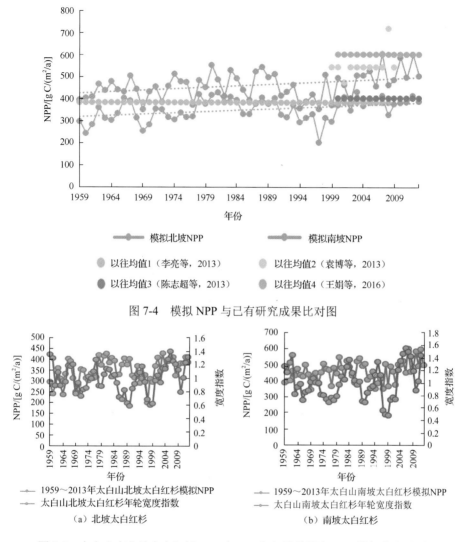

图 7-4　模拟 NPP 与已有研究成果比对图

（a）北坡太白红杉　　　　　　　　　　　（b）南坡太白红杉

图 7-5　太白山南北坡太白红杉 1959～2013 年年轮数据和 NPP 模拟值比对图

　　由于已有研究的 NPP 资料在研究时段、研究区域以及研究方法上均与本章不一致，上面的比较也只是粗略的估计。综合以上验证结果，总的来说，模型模拟的太白红杉多年平均 NPP 在合理的范围内，模型可以较好地反映太白红杉的植被特征，对太白红杉生态系统演变过程的模拟具有一定参考意义。

2. 2018～2047 年太白红杉林生长动态

1）2018～2047 年气候变化情景设计

为预测气候变化和大气 CO_2 浓度对太白红杉生态系统的影响，对未来气候变

化和 CO_2 浓度作定量的情景设定。根据 IPCC《排放情景特别报告》中 B2 情景下模拟的中国区域 21 世纪气候变化场景，参考《第三次气候变化国家评估报告》，可以得到 21 世纪末我国平均气温可能升高 2.5℃，降水量增加 12%（59.3mm）；根据 IPCC《气候变化国家评估报告》，到 21 世纪末全球 CO_2 浓度可能递增至 620μmol/mol。本节根据上述预测，结合本章 7.1 节的未来气候预估，假设气温升高、降水增加和 CO_2 浓度递增为线性变化，设定从 2018～2047 年这 30 年的气候变化情景，为到 2047 年日平均气温升高 1℃，降水增加 5%（23.12mm），CO_2 浓度递增至 484μmol/mol（表 7-6）。在 1959～2013 年太白红杉生态系统模拟基础上，分别模拟 2018～2047 年不同情景下，太白红杉生态系统净初级生产力（net primary production，NPP）、蒸散量（ET）和碳密度等主要生态系统要素对气候变化和 CO_2 浓度升高的响应。研究定义 3 个变量组合下的 8 种变化情景进行模拟见表 7-6，以探讨气温升高、降水增加和 CO_2 浓度递增不同程度的影响。

表 7-6　模型采用的未来不同气候情景

变化情景	T（气温）	P（降水）	C（CO_2 浓度）/（μmol/mol）
T0P0C0	不变	不变	不变
T1P0C0	增加 1℃	不变	不变
T0P1C0	不变	增加 5%	不变
T0P0C1	不变	不变	递增至 484
T1P1C0	增加 1℃	增加 5%	不变
T1P0C1	增加 1℃	不变	递增至 484
T0P1C1	不变	增加 5%	递增至 484
T1P1C1	增加 1℃	增加 5%	递增至 484

注：T0P0C0、T1P0C0、T0P1C0、T0P0C1、T1P1C0、T1P0C1、T0P1C1、T1P1C1 分别表示不同气候情景。

2）2018～2047 年太白红杉林主要生态系统要素模拟

（1）2018～2047 年太白红杉林不同气候变化和 CO_2 浓度情景下 NPP 模拟

① 2018～2047 年太白山北坡太白红杉林净初级生产力 NPP 预估。表 7-7 为北坡不同情景下模拟年均 NPP 和 1959～2013 年年均 NPP 的变化情况，预测年限内 8 种气候情景下，各情景波动特征和变化趋势基本上相似，NPP 总体波动在 233.3～431.1g C/(m²/a)，平均 NPP 为 353.11g C/(m²/a)。

表 7-7　秦岭北坡太白红杉林不同情景下模拟 NPP 与 1959～2013 年 NPP 的变化

项目	基准	T0P0C0	T1P0C0	T0P1C0	T0P0C1	T1P1C0	T1P0C1	T0P1C1	T1P1C1
NPP/[g C/(m²/a)]	349.28	350.7	350.7	353.4	352.3	354.4	352.4	354.9	356.0
NPP 变化量/[g C/(m²/a)]	0	1.44	1.45	4.11	3.01	5.16	3.16	5.61	6.68
占比/%	0	0.41	0.42	1.18	0.86	1.40	0.91	1.61	1.91

由表 7-7 可知，不同情景下 NPP 的变化均为正响应并存在差异，以 1959～2013 年北坡太白红杉林年均 NPP 为 349.28g C/(m²/a)为基准，在 2018～2047 年预测期间，如果降水保持不变（P0），在 CO_2 浓度变化或者保持不变的两种情景下，无论温度是否升高，NPP 相对 1959～2013 年增加量几乎相同，增长比例在 0.88%和 0.41%左右；如果降水增加 5%（P1），在 CO_2 浓度变化或者保持不变的两种情景下，温度升高 1℃，NPP 增加量均高于温度保持不变情景，且 CO_2 浓度升高至 484μmol/mol 时，NPP 也较 CO_2 浓度不变时要高。以上分析说明 2018～2047 年，降水是北坡太白红杉 NPP 增长的首要影响因子，其次为 CO_2 浓度和温度。

②　2018～2047 年太白山南坡太白红杉 NPP 预估。表 7-8 给出了南坡太白红杉林不同情景下模拟年均 NPP 与 1959～2013 年年均 NPP 的变化情况，预测年限内 8 种气候情景下，南坡 NPP 的年际变化亦表现为正向响应，各情景波动特征和变化趋势基本上相似，NPP 总体波动在 363.4～557.5g C/(m²/a)，平均 NPP 为 471.22g C/(m²/a)。

由表 7-8 可知，1959～2013 年南坡太白红杉林年均 NPP 为 460.56g C/(m²/a)，以此为基准，在 2018～2047 年预测期间，如果降水保持不变（P0），在 CO_2 浓度变化或者保持不变的两种情景下，温度升高 1℃，NPP 增加量均小于温度保持不变情景，且 CO_2 浓度升高至 484μmol/mol 时，NPP 也较 CO_2 浓度不变时要高；如果降水增加 5%（P1），在 CO_2 浓度变化或者保持不变的两种情景下，无论温度是否升高，NPP 相对 1959～2013 年增加量几乎相同，增长比例在 1.76%和 1.29%左右。以上分析说明 2018～2047 年，降水是南坡太白红杉 NPP 增长的首要影响因子，其次为温度和 CO_2 浓度，在降水不变的情景下，温度升高 1℃可能导致 NPP 增长量减少，但如果降水增加，则温度升高的影响作用减弱。

由以上不同情景下南北坡太白红杉 NPP 变化分析可知，南北坡太白红杉净初级生产力增长对气候变化的响应模式存在差异，在降水保持不变的情景下，南坡太白红杉 NPP 变化对气温升高 1℃更敏感，且为负影响效应；而在降水增加 5%（P1）的情景下，北坡太白红杉对气温升高 1℃较南坡敏感，且为正影响效应。

表 7-8　秦岭南坡太白红杉林不同情景下模拟 NPP 与 1959～2013 年 NPP 的变化

项目	基准	T0P0C0	T1P0C0	T0P1C0	T0PC1	T1P1C0	T1P0C1	T0P1C1	T1P1C1
NPP/[g C/(m²/a)]	460.56	468.6	468.4	472.0	470.8	471.7	470.6	474.0	473.6
NPP 变化量/[g C/(m²/a)]	0	8.07	7.85	11.48	10.25	11.09	9.99	13.48	13.05
占比/%	0	1.75	1.71	2.49	2.23	2.41	2.17	2.93	2.83

（2）2018～2047 年太白红杉林不同气候变化和 CO_2 浓度情景 ET 模拟。

①2018～2047 年太白山北坡太白红杉林蒸散发量 ET 预估。由 2018～2047 年太白山北坡，太白红杉林不同气候变化和 CO_2 浓度情景模型模拟的蒸散发量 ET

的动态变化可知，8 种气候情景下，北坡 ET 的年际波动特征和变化趋势均大体一致，其波动在 506.2～867.4mm/a，平均 ET 为 699.54mm/a。

表 7-9 为北坡太白红杉林不同情景下，模拟的年均 ET 与 1959～2013 年年均 ET 的变化情况。由表 7-9 可知，不同情景下 ET 的变化有正响应也有负响应，相对于 1959～2013 年平均 ET 基准值，在 2018～2047 年预测期间，如果降水保持不变（P0），在 CO_2 浓度变化或者保持不变的两种情景下，无论温度是否升高，ET 相对基准年增加量均为负值且几乎相等，增长比例为-0.05%和-0.21%；如果降水增加5%（P1），在 CO_2 浓度变化或者保持不变的两种情景下，温度升高 1℃，ET 增加量均高于温度保持不变情景，且 CO_2 浓度升高至 484μmol/mol 时，ET 也较 CO_2 浓度不变时要高。以上分析说明未来 30 年，降水是北坡太白红杉林 ET 增长的首要影响因子，其次为温度、CO_2 浓度。

表 7-9　秦岭北坡太白红杉林不同情景下模拟 ET 与 1959～2013 年 ET 的变化

项目	基准	T0P0C0	T1P0C0	T0P1C0	T0P0C1	T1P1C0	T1P0C1	T0P1C1	T1P1C1
ET/(mm/a)	699.16	697.7	697.7	699.9	698.8	700.7	698.8	701.0	701.7
ET 变化量/(mm/a)	0	-1.45	-1.48	0.80	-0.38	1.51	-0.33	1.84	2.54
占比/%	0	-0.21	-0.21	0.11	-0.05	0.22	-0.05	0.26	0.36

② 2018～2047 年太白山南坡太白红杉 ET 预估。2018～2047 年太白山南坡太白红杉林不同气候变化和 CO_2 浓度情景模型模拟 ET 的动态变化可知，8 种气候情景下，南坡不仅年 ET 均值高于北坡，为 902.47mm/a，而且总体波动较大，在 701.3～1124mm/a。

表 7-10 为南坡太白红杉林不同情景下模拟年均 ET 与 1959～2013 年年均 ET 的变化情况，可以看出，1959～2013 年南坡太白红杉林平均年 ET 为 699.16mm/a，以此为基准，在 2018～2047 年预测期间，在降水保持不变（P0）和增加 5%（P1）两种情景下，无论温度升高 1℃还是保持不变，ET 均为增加，但变化量几乎相等；在同等降水情景下 CO_2 浓度升高至 484μmol/mol 时，ET 较 CO_2 浓度不变时略高。以上分析说明，2018～2047 年，在设定的未来 2 种降水和 2 种温度下，南坡太白红杉林 ET 增加甚微，即降水增加和温度升高对 ET 的增加几乎没有影响，而 CO_2 浓度升高对 ET 有影响但影响作用弱。

表 7-10　秦岭南坡太白红杉林不同情景下模拟 ET 与 1959～2013 年 ET 的变化

项目	基准	T0P0C0	T1P0C0	T0P1C0	T0P0C1	T1P1C0	T1P0C1	T0P1C1	T1P1C1
ET/(mm/a)	883.09	901.0	901.0	902.8	902.4	902.6	902.3	904.0	903.7
ET 变化量/(mm/a)	0	17.93	17.88	19.73	19.29	19.51	19.19	20.94	20.6
占比/%	0	2.03	2.02	2.23	2.18	2.21	2.17	2.37	2.33

由以上不同情景下，南北坡太白红杉 ET 变化分析可知，太白红杉林 ET 对气候变化的响应模式存在南北差异，在降水不变的情景下，无论南坡还是北坡太白红杉林 ET 对气温升高 1℃ 均不敏感，但北坡为负响应而南坡为正响应；在降水增加 5%（P1）的情景下，北坡太白红杉林 ET 对气温升高 1℃ 较敏感而南坡敏感性较低。

（3）2018~2047 年太白红杉林不同气候变化和 CO_2 浓度情景 C 密度模拟。

① 2018~2047 年太白山北坡太白红杉林 C 密度预估。由北坡太白红杉林不同气候变化和 CO_2 浓度情景模型模拟 C 密度的动态变化可知，8 种气候情景下，预测年限内北坡太白红杉林 C 密度存在差异，C 密度值出现两个分异，其中 T0P0C0、T1P0C0、T0P0C1、T1P0C1 情景模拟结果均集中在 $33.8kg/m^2$ 左右，而 T0P1C0、T1P1C0、T0P1C1、T1P1C1 情景模拟结果均集中在 $34.6kg/m^2$ 左右，各年 C 密度波动在 $33.62~34.78kg/m^2$，平均值为 $34.2kg/m^2$。

表 7-11 为北坡太白红杉林不同情景下平均年 C 密度与 1959~2013 年平均年 ET 的变化情况，由表 7-11 可知，所有 T1 情景下北坡太白红杉林 C 密度相对于 T0 情景变化不明显，所有 C1 情景下 C 密度相对于 C0 情景略有增加，所有 P1 情景 C 密度相对 P0 情景增加明显。可以得出，在预测年限内，降水的增加对北坡太白红杉 C 密度增加具有明显的正向作用，CO_2 浓度升高对北坡 C 密度增加具有微弱的正向作用，而气温升高 1℃ 对此作用不明显。

表 7-11　秦岭北坡太白红杉林不同情景下模拟 C 密度与 1959~2013 年 C 密度的变化

项目	基准	T0P0C0	T1P0C0	T0P1C0	T0P0C1	T1P1C0	T1P0C1	T0P1C1	T1P1C1
C 密度/(kg/m²)	33.46	33.8	33.8	34.56	33.84	34.56	33.84	34.6	34.6
C 密度变化量/(kg/m²)	0	0.34	0.34	1.10	0.38	1.10	0.38	1.14	1.14
占比/%	0	0.98	0.98	3.26	1.10	3.26	1.11	3.38	3.37

② 2018~2047 年太白山南坡太白红杉林 C 密度预估。由南坡太白红杉林不同气候变化和 CO_2 浓度情景模型模拟 C 密度的动态变化可知，8 种气候情景下，预测年限内南坡太白红杉 C 密度存在差异，C 密度值波动范围在 $41.74~42.97kg/m^2$，平均值为 $42.35kg/m^2$。

表 7-12 为南坡不同情景下平均年 C 密度与 1959~2013 年平均年 C 密度的变化情况，由表 7-12 可知，所有 T1 情景下南坡太白红杉 C 密度相对于 T0 情景有所下降，所有 C1 情景下 C 密度相对于 C 情景略有增加，所有 P1 情景 C 密度相对 P0 情景增加明显。可以得出，在预测年限内，降水的增加对南坡太白红杉 C 密度增加具有明显的正向作用，CO_2 浓度升高对南坡 C 密度增加具有微弱的正向作用，而气温升高可抑制南坡 C 密度增加。

表 7-12　南坡不同情景下模拟 C 密度与 1959～2013 年 C 密度的变化

项目	基准	T0P0C0	T1P0C0	T0P1C0	T0P0C1	T1P1C0	T1P0C1	T0P1C1	T1P1C1
C 密度/(kg/m²)	40.54	42.08	41.87	42.80	42.12	42.56	41.92	42.84	42.60
C 密度变化量/(kg/m²)	0	1.54	1.33	2.26	1.58	2.02	1.38	2.30	2.06
占比/%	0	3.80	3.30	5.57	3.90	4.98	3.40	5.67	5.08

综上可知，无论南坡还是北坡，降水增加 5%太白红杉林 C 密度明显增加，CO_2 浓度升高情景下（C1）均可微弱增加 C 密度；而气温升高 1℃对北坡 C 密度增加影响甚微，但抑制南坡 C 密度增加。

7.2.2　秦岭巴山冷杉林生长动态

1. 数据源与模型验证

1）数据源

Biome-BGC 模型运行需要的数据包括坐标（coordinate）、海拔（altitude）、气象数据（meteorological data）、土壤数据（soil data）和生理参数（ecophysiological constants）等。模型运行输入的样地参数数据如坐标、海拔等取自 GPS 定位；由于冷杉分布海拔较高，难以获取当地长时序的气象数据，为了能够更好地模拟当地气候，于太白山南北两坡分别选取佛坪气象站和眉县气象站 1959～2013 年的逐日气象资料（包括降水、气温等），然后通过山地模型 MTCLM 计算得到冷杉林所在海拔的气象数据。MTCLIM 模型基于 Running 等提出的气候要素空间递推的基本思想，在应用于生态模拟时有较好的拟合效果（Li et al.，2013）；CO_2 资料从美国国家气象局所公布的档案中获得，并从中提取 1959～2013 年的 CO_2 浓度数据。土壤相关资料通过查阅《陕西土壤》和其他相关文献获得，主要包括土壤有效深度，土壤质地，土壤中黏粒、砂粒、壤粒的比例等（李婷等，2014；白登忠等，2012）；在选择植被生理参数时，部分采用模型文件中提供的常绿针叶林参数，部分取自文献资料；文章所采用的各类数据具体见表 7-13。

表 7-13　太白山巴山冷杉生理参数

类别	参数	参考值	单位
年更新与死亡率	年叶与细根周转率	0.26	1/a
	年活立木周转率	0.7	1/a
	年植物火灾的死亡率	0.005	1/a
	年整株植物的死亡率	0.005	1/a

续表

类别	参数	参考值	单位
碳分配比例	当前生长部分的比例	0.5	ratio
	新生茎与叶片的碳分配比	2.2	ratio
	新生粗根与茎的碳分配比	0.29	ratio
	新生木质组织与总所有木质组织的碳分配比	0.071	ratio
	新生细根与叶片的碳分配比	1.4	prop
碳氮比	叶片碳氮比	42	kg C/kg N
	活木质组织碳氮比	50	kg C/kg N
	细根碳氮比	58	kg C/kg N
	落叶碳氮比	93	kg C/kg N
	死木质组织碳氮比	730	kg C/kg N
易分解物质、纤维素和木质素比例	叶片枯落物易分解物质比例	0.31	DIM
	叶片枯落物种纤维素比例	0.45	DIM
	叶片枯落物种木质素比例	0.24	DIM
	细根易分解物质比例	0.34	DIM
	细根纤维素比例	0.44	DIM
	细根木质素比例	0.22	DIM
	死木质组织纤维素比例	0.71	DIM
	死木质组织木质素比例	0.29	DIM
叶片与冠层参数	冠层消光系数	0.51	(1/LAI)/d
	冠层截留系数	0.0450	DIM
	叶表面积与投影叶面积比	2.6	DIM
	冠层平均比叶面积	8.2	m²/kg C
	阳生、阴生比叶面积比例	2	DIM
	叶氮在羧化酶中的百分比含量	0.04	DIM
导度、水势和饱和水汽压差	最大气孔导度	0.003	m/s
	表皮导度	0.00001	m/s
	边界层导度	0.08	m/s
	气孔开始缩小时叶片水势	−0.65	MPa
	气孔完全闭合时叶片水势	−2.5	MPa
	气孔开始缩小时饱和水汽压差	930	Pa
	气孔完全闭合时饱和水汽压差	4100	Pa

2）模型验证

通过对陕西省生态环境十年变化遥感监测与评估结果中 NPP 相关数据进行提取，得到了 2001~2010 年不同海拔的太白山巴山冷杉林 NPP 资料数值。将对应海拔数据进行整理后，与本节模型运行结果中 2001~2010 年进行比对，发现二者在同一数据区间，并且 10 年间的 NPP 变化趋势相近。另外，与相关文献资料中巴山冷杉 NPP 资料 450g/(m²/a)±100g/(m²/a)（Fu et al.，1994），600g/(m²/a)±200g/(m²/a)（Chen et al.，2007）的结果基本上是一致的。蒋冲等（2013）在秦岭地区计算后得到秦岭南坡的潜在蒸散发为 968.1mm，秦岭北坡为 983.0mm；刘华等（2009）在秦岭火地塘林区计算了华山松等植被的碳密度，经比较与本章结果区间相近。结合样本所在海拔、区位等要素综合考虑，认为 Biome-BGC 所模拟出的巴山冷杉林结果是合理可信的。

2. 巴山冷杉林生长动态

1）气候变化情景设定

为了能够全面、准确的预测未来气候条件变化对森林生态系统，尤其对巴山冷杉林生态系统所产生的影响，我们分别对未来气候变化和 CO_2 浓度变化作了定量的情景设定。假设边界条件和未来气候变化情景同太白红杉评估。在 1959～2013 年巴山冷杉生态系统模拟上，分别对定义的 3 个变量组合下 8 种变化情景（表 7-6）进行模拟，模拟 2018～2047 年不同情景下，巴山冷杉生态系统净初级生产力（NPP）、蒸散量（ET）和碳密度等主要生态系统要素，在气候变化和 CO_2 浓度升高后所产生的反应。

2）2018～2047 年不同气候变化和 CO_2 浓度情景下巴山冷杉林 NPP 模拟

① 2018～2047 年太白山北坡巴山冷杉林净初级生产力 NPP 预估。图 7-6 为 2018～2047 年在不同气候变化和 CO_2 浓度情景下太白山南北坡巴山冷杉林 NPP。南北坡巴山冷杉林 NPP 在不同情景间的波动趋势相似，在多数情景下太白山冷杉林 NPP 均高于 1959～2013 年多年平均 NPP，且南坡巴山冷杉林 NPP 及其变化率均普遍高于北坡。

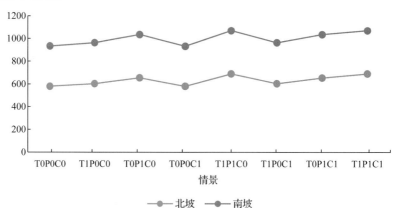

图 7-6　太白山南北两坡巴山冷杉林 NPP

表 7-14 为预测年限内 8 种气候情景下太白山北坡巴山冷杉林 NPP。由表可知，在 2018～2047 年期间，在降水保持不变情景下（P0），无论温度和 CO_2 浓度是否升高，北坡巴山冷杉林 NPP 均处于下降趋势，且温度和 CO_2 浓度不变情景的下降趋势高于温度和 CO_2 浓度增高的情景；在降水增加 5%情景下（P01），无论温度和 CO_2 浓度是否升高，北坡巴山冷杉林 NPP 均为上升趋势，且温度升高 1℃时（T1）NPP 上升趋势，明显高于温度不变情景（T0），而 CO_2 浓度增高影响较

少。即 2018～2047 年北坡巴山冷杉林 NPP 主要受降水影响，其次为温度。

表 7-14　不同模拟情景下的太白山北坡巴山冷杉林 NPP

项目	基准	T0P0C0	T1P0C0	T0P1C0	T0P0C1	T1P1C0	T1P0C1	T0P1C1	T1P1C1
NPP/[g C/(m²/a)]	612.55	576.88	600.61	622.55	578.88	656.30	603.20	625.07	659.14
NPP 变化量/[g C/(m²/a)]	0	−35.67	−11.94	10.00	−33.67	43.75	−9.35	12.52	46.59
占比/%	0	−5.82	−1.95	1.63	−5.50	7.14	−1.53	2.04	7.61

② 2018～2047 年太白山南坡巴山冷杉林净初级生产力 NPP 预估。表 7-15 为不同模拟情景下的南坡巴山冷杉林 NPP 变化量及变化率，可以看出，预测年限内 8 种气候情景下太白山南坡巴山冷杉林 NPP 波动范围在 606.27～679.09g C/(m²/a)，变化率的波动范围在 −4.41%～7.07%。1959～2013 年南坡巴山冷杉林平均年 NPP 为 634.27g C/(m²/a)，以此为基准，在 2018～2047 年预测期间，温度升高 1℃时（T1），无论降水变化与否，南坡巴山冷杉林初级生产力 NPP 均为增长趋势；而温度不变情景（T0），降水增多 5%（P1）对巴山冷杉 NPP 有促进作用，但降水不变情景（P0）为抑制作用。由此可知，2018～2047 年太白山南坡巴山冷杉林生长的过程中温度升高 1℃影响作用最大，其次为降水增加 5%，CO_2 浓度影响甚微。

表 7-15　不同模拟情景下的太白山南坡巴山冷杉林 NPP

项目	基准	T0P0C0	T1P0C0	T0P1C0	T0P0C1	T1P1C0	T1P0C1	T0P1C1	T1P1C1
NPP/[g C/(m²/a)]	634.27	606.69	636.44	667.48	606.27	677.12	638.36	669.64	679.09
NPP 变化量/[g C/(m²/a)]	0	−27.58	2.17	33.21	−28.00	42.85	4.09	35.37	44.82
NPP 变化率/%	0	−4.35	0.34	5.24	−4.41	6.76	0.64	5.58	7.07

由以上不同情景下，南北坡巴山冷杉 NPP 变化分析可知，南北坡巴山冷杉林净初级生产力增长对气候变化的响应模式存在差异，在降水增加 5%（P1）的情景下，无论南坡还是北坡 2018～2047 年 NPP 均呈增长趋势；但在降水保持不变的情景下（P0），南坡巴山冷杉对气温升高 1℃更敏感，且为正影响效应，而北坡巴山冷杉对气温升高 1℃的敏感性低于南坡，且为负影响效应。

3）2018～2047 年巴山冷杉林不同气候变化和 CO_2 浓度情景 ET 模拟

表 7-16 和表 7-17 为 2018～2047 年在不同气候变化和 CO_2 浓度情景下太白山南北两坡巴山冷杉林 ET 预估，由表可知，太白山南北两坡巴山冷杉林 ET 波动特征相似，但是南坡巴山冷杉林 ET 远高于北坡巴山冷杉林 ET，多数情景下的太白山冷杉林模拟 ET 均高于 1959～2013 年多年平均 ET。

表 7-16　不同模拟情景下的太白山北坡巴山冷杉林 ET

项目	基准	T0P0C0	T1P0C0	T0P1C0	T0P0C1	T1P1C0	T1P0C1	T0P1C1	T1P1C1
ET/(mm/a)	601.61	578.27	601.71	653.58	579.10	688.25	602.73	653.58	689.59
ET 变化量/(mm/a)	0	−23.34	0.10	51.97	−22.51	86.64	1.12	51.97	87.98
占比/%	0	−3.88	0.02%	8.64	−3.74	14.40	0.19	8.64	14.62

表 7-17　不同模拟情景下的太白山南坡巴山冷杉林 ET

项目	基准	T0P0C0	T1P0C0	T0P1C0	T0P0C1	T1P1C0	T1P0C1	T0P1C1	T1P1C1
ET/(mm/a)	947.97	931.28	961.29	1033.33	930.82	1068.6	962.44	1035.12	1070.25
ET 变化量/(mm/a)	0	−16.69	13.32	85.36	−17.15	120.63	14.47	87.15	122.28
占比/%	0	−1.76	1.41	9.00	−1.81	12.73	1.53	9.19	12.90

由表 7-16 和表 7-17 可知，虽然预测年限期间南北坡 ET 均值差异较大，但各情景变化趋势却存在一致性，温度升高 1℃时（T1），无论降水变化与否，南北坡巴山冷杉林 ET 均为增长趋势；而温度不变情景（T0），降水增多 5%（P1）对巴山冷杉 ET 均有正影响作用，但降水不变情景（P0）均为负影响作用；在降水增多 5%（P1）的正影响作用情景中，温度升高，ET 增加明显。由此可知，预测年限内，降水增加 5%、气温升高 1℃均对南北坡巴山冷杉林 ET 的增加具有明显的正向作用，其中降水增加的作用强于气温增加。相比气温和降水，CO_2 浓度升高影响效应甚微。

4）2018～2047 年巴山冷杉不同气候变化和 CO_2 浓度情景 C 密度模拟

图 7-7 为 2018～2047 年在不同气候条件和 CO_2 浓度情景下，太白山南北两坡巴山冷杉林碳密度，北坡巴山冷杉林碳密度的波动较大，表现在北坡巴山冷杉林碳密度极小值远小于南坡，而极大值与南坡相近，但总体上南坡巴山冷杉林碳密度大于北坡。

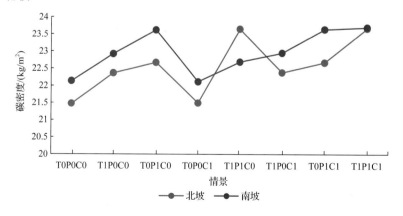

图 7-7　太白山南北坡巴山冷杉林碳密度

（1）2018～2047 年太白山北坡巴山冷杉林 C 密度预估。由不同模拟情景下的太白山北坡巴山冷杉林 C 密度变化（表 7-18）可知，8 种气候情景下，T1P1C0 和 T1P1C1 两种情景下北坡巴山冷杉 C 密度与 1959～2013 年多年平均密度相比呈上升趋势，而其它情景下的巴山冷杉 C 密度则相对下降。即在温度保持不变（T0）或降水保持不变（P0）时，未来 30 年 C 密度均将呈下降趋势，与降水或温度是否升高无关；只有当温度和降水同时（T1P1）增加时，北坡巴山冷杉 C 密度才呈上升趋势。通过以上分析发现，气温和降水均对太白山南坡巴山冷杉林 C 密度变化有明显影响，而 CO_2 浓度升高对其影响甚微。

表 7-18　不同模拟情景下的太白山北坡巴山冷杉林 C 密度

项目	基准	T0P0C0	T1P0C0	T0P1C0	T0P0C1	T1P1C0	T1P0C1	T0P1C1	T1P1C1
C 密度/(kg/m²)	22.83	21.47	22.36	22.67	21.49	23.65	22.38	22.67	23.67
C 密度变化量/(kg/m²)	0	-1.36	-0.47	-0.16	-1.34	0.82	-0.45	-0.16	0.84
占比/%	0	-5.96	-2.06	-0.70	-5.87	3.59	-1.97	-0.70	3.68

（2）2018～2047 年太白山南坡巴山冷杉林 C 密度预估。南坡巴山冷杉不同气候变化和 CO_2 浓度情景模型模拟 C 密度的动态变化如表 7-19 所示，8 种气候情景下，预测年限内南坡巴山冷杉 C 密度变化较小，C 密度值处于 22.11～23.70kg/m²。在 T0P0C0、T1P0C0、T0P0C1、T1P1C0 和 T1P0C1 五种模拟情景中，太白山南坡巴山冷杉林 C 密度均有所下降，其余均呈上升趋势。经对表 7-19 分析研究发现，当降水保持不变（P0）时，在预测年限，无论温度是否升高 1℃，南坡巴山冷杉林 C 密度均呈下降趋势，但温度升高可减弱负影响作用；而降水增加 5%（P1）则有利于 C 密度增加，但温度升高 1℃（T1）时，如果 CO_2 浓度保持不变（C0）则南坡巴山冷杉林 C 密度有降低趋势。

表 7-19　不同模拟情景下的太白山南坡巴山冷杉林 C 密度

项目	基准	T0P0C0	T1P0C0	T0P1C0	T0P0C1	T1P1C0	T1P0C1	T0P1C1	T1P1C1
C 密度/(kg/m²)	23.01	22.13	22.92	23.62	22.11	22.69	22.95	23.64	23.70
C 密度变化量/(kg/m²)	0	-0.88	-0.09	0.61	-0.90	-0.32	-0.06	0.63	0.69
占比/%	0	-3.82	-0.39	2.65	-3.91	-1.39	-0.26	2.74	3.00

综上所述，降水、温度、CO_2 浓度升高对南坡巴山冷杉林碳密度的变化均有促进作用，降水影响最大，其次为温度和 CO_2 浓度。而在北坡 CO_2 浓度升高至设定情景时对 C 密度影响甚微。

7.3　本章小结

（1）未来 RCP4.5 和 RCP8.5 情景下，秦岭山地 2006～2040 年、2041～2070 年和 2071～2100 年气温均有较为明显的增加趋势，但年降水均呈不显著下降趋势，7 月干热化频率将增加。

预估在未来两种情景下，秦岭山地三个时段气温增幅分别是 0.888℃、1.631℃、1.855℃和 0.992℃、2.124℃、3.442℃。且夏季气温增幅最大，其次是秋季、春季和冬季。

三个时段年降水变幅分别是-1.453mm、-1.095mm、-1.578mm 和-0.644mm、-0.562mm、0.139mm，即 21 世纪年降水整体呈不明显的减少趋势；7 月、8 月降水减少明显，7 月变幅达-13.25mm、-22mm、-21.15mm 和-12.22mm、-19.65mm、-28.68mm；而 RCP8.5 情景下 21 世纪末期 9 月降水增幅明显。预估结果发现未来三个时期 7 月气温增幅最大而降水减少明显，21 世纪 7 月出现干热化的频率有可能增加。

（2）基于 Biome-BGC 模型，在 2018～2047 年预测期间，未来 8 种情景下太白红杉林 NPP、ET 及 C 密度的变化存在着明显南北差异性。

在降水保护不变的情景下，南坡太白红杉 NPP 变化对气温升高 1℃更敏感，且为负影响效应；而在降水增加 5%（P1）的情景下，北坡太白红杉对气温升高 1℃较南坡敏感，且为正影响效应。

无论南坡还是北坡太白红杉林 ET 对气温升高 1℃均不敏感，但北坡为负响应而南坡为正响应；在降水增加 5%的情景下，北坡太白红杉林 ET 对气温升高 1℃较敏感而南坡敏感性较低。

降水增加 5%太白红杉林 C 密度明显增加，CO_2 浓度升高情景下均可微弱增加 C 密度；而气温升高 1℃对北坡 C 密度增加影响甚微，但抑制南坡 C 密度增加。

综上预估结果可知太白红杉林，除北坡 4 种降水保持不变的情景下 ET 呈弱减少趋势外，在未来 8 种情景下太白红杉林 NPP、ET 及 C 密度的变化均呈增加趋势；北坡太白红杉林 NPP、ET 对降水变化敏感，而南坡太白红杉林对气温变化敏感，且增温 1℃对南坡太白红杉林 NPP 和 C 密度会产生负效应。

（3）基于 Biome-BGC 模型，在 2018～2047 年期间，未来 8 种情景下巴山冷杉林 NPP、ET 及 C 密度的变化有近 50%为负变化趋势，南北巴山冷杉林对降水和气温变化均表现出敏感性，且对降水的敏感度高于对温度的敏感度。

未来 30 年降水增加 NPP 均呈增长趋势，在降水不变的情景下，南坡巴山冷杉对气温升高 1℃更敏感，且为正影响效应，而北坡为负影响效应，且对气温升高 1℃的敏感性低于南坡。

　　南北坡 ET 在未来各情景下变化趋势存在一致性，温度升高时，无论降水是否变化，南北坡巴山冷杉林 ET 均为增长趋势；而温度不变情景时，降水增多对巴山冷杉 ET 均有正影响作用，但降水不变情景时均为负影响作用。

　　未来 30 年，降水、温度持续当前水平时，南北两坡均有可能出现固碳能力下降的趋势；但当降水、温度均升高时，北坡巴山冷杉林碳密度将有增加趋势，而南坡仍呈下降趋势。

　　（4）太白红杉林和巴山冷杉林对气候变化的响应不仅存在南北分异性，且二者对气候变化的响应模式也具有差异性；预估 2018～2047 年巴山冷杉林的 NPP 和 C 密度将呈下降趋势。

　　在 2018～2047 年预测期间，未来 8 种情景下，太白红杉林 NPP、ET 及 C 密度几乎均呈增加趋势，而巴山冷杉林 NPP、ET 及 C 密度近 50% 呈下降趋势；本章预测未来 30 年，在 RCP4.5 和 RCP8.5 情景下，年均温将增加 0.888℃和 0.992℃，但 21 世纪年降水整体呈不明显的减少趋势，那么 2018～2047 年出现温度升高 1℃、降水保持不变情景的可能性更大，而预估发现这种情景下，秦岭冷杉林北坡 NPP 和南北坡 C 密度均呈下降趋势。因此，分析认为 2018～2047 年秦岭巴山冷杉林 NPP 和 C 密度将出现下降趋势。

参 考 文 献

陈敏鹏, 林而达, 2010. 代表性浓度路径情景下的全球温室气体减排和对中国的挑战[J]. 气候变化研究进展, 6(6): 436-442.

成爱芳, 冯起, 张健恺, 等, 2015. 未来气候情景下气候变化响应过程研究综述[J]. 地理科学, 35(1): 84-90.

杜海波, 2015. 全球气候变化背景下东北地区极端气候事件研究[D]. 长春: 东北师范大学.

范敏锐, 2011. 北京山区森林生态系统净初级生产力对气候变化的响应[D]. 北京: 北京林业大学.

高翔, 白红英, 张善红, 等, 2012. 1959～2009 年秦岭山地气候变化趋势研究[J]. 水土保持通报, 32(1): 207-211.

蒋冲, 王飞, 穆兴民, 等, 2013. 秦岭南北潜在蒸散量时空变化及突变特征分析[J]. 长江流域资源与环境, 22(5):573.

李婷, 刘康, 胡胜, 等, 2014. 基于 InVEST 模型的秦岭山地土壤流失及土壤保持生态效益评价[J]. 长江流域资源与环境, 23(9):1242-1250.

刘华, 雷瑞德, 侯琳, 等, 2009. 秦岭火地塘林区主要森林类型的碳储量和碳密度[J]. 西北农林科技大学学报:自然科学版, 37(3):133-140.

刘娜利, 2012. 牛背梁国家级自然保护区土壤特性研究[D]. 杨凌: 西北农林科技大学.

李亮, 何晓军, 胡理乐, 等, 2013. 1958～2008 年太白山太白红杉林碳循环模拟[J]. 生态学报, 33(9): 2845-2855.

苏志侠, 吕世华, 罗思维, 1999. 美国 NCEP/NCAR 全球再分析资料及其初步分析[J]. 高原气象, 18 (2): 209-218.

王娟, 卓静, 何慧娟, 等, 2016. 2000-2013 年秦岭林区植被净初级生产力时空分布特征及其驱动因素[J]. 西北林学院学报, 31(5): 238-245.

辛晓歌, 吴统文, 张洁, 2012. BCC 气候系统模式开展的 CMIP5 试验介绍[J]. 气候变化研究进展, 8(5): 378-382.

袁博, 白红英, 章杰, 等, 2013. 秦岭山地植被净初级生产力及对气候变化的响应[J]. 植物研究, 33(2): 225-231.

CHEN B, WANG S Q, LIU R G, et al., 2007. Study on modeling and spatial pattern of net primary production in China's terrestrial ecosystem[J]. Resources Science, 29(6): 45-53.

HESSAMI M, GACHON P, OUARDA A, et al., 2008. Automated regression-based statistical downscaling tool[J]. Environmental Modeling and Software, 23(6): 813-834.

LI L, HE X J, HU L L, et al., 2013. Simulation of the carbon cycle of Larix chinensis forest during 1958 and 2008 at Taibai Mountain, China[J]. Acta Ecologica Sinica, 33(9): 2845-2855.

MEEHL G A, STOCKER T R, et al., 2007. Global climate projections, in climate change 2007: The physical science basis, contribution of working group I to the fourth assessment report of the inter-government panel on climate change[M]. Cambridge: Cambridge University Press.

WINKLER J A, PALUTIKOF J P, ANDRESEN J A, et al., 2010. The simulation of daily temperature time series form GCM output Part II Sensitivity analysis of an empirical transfer function methodology[J]. Journal of Climate, 10(10): 2514-2532.

WILBY R L, DAWSON C W, 2007. Using SDSM version 4.2-a decision support tool for the assessment of regional climate change impacts. User Manual[J]. Environmental Modeling and Software, 17(2): 145-157.

WHITE M A, THORNTON E, RUNNING S W, et al., 2000. Parameterization and sensitivity analysis of the BIOME-BGC terrestrial ecosystem model: net primary production contrals [J]. Earth Interactions, 4(3): 1-85.

后　记

　　愈走近秦岭就愈感到秦岭的博大和神秘。每次攀爬至秦岭山峰之上，眺望无边无垠的山脉，层峦叠嶂、云卷云舒，不由感叹，经历了怎样的地质演化、冷暖变迁，才有了这气势磅礴的"父亲山"。他横亘在那里，造就了南北迥异的自然与人文景观，成为重要的天然生态屏障，令历代兵家望而生叹"蜀道难，难于上青天"。如今险阻变坦途，但亘古不变的是秦岭对中华大地的护佑，丰富的动植物资源、常年不息的涓涓溪流，惠及千百万人口，并成为周边城镇及"南水北调"中线工程的主要水源地。翻过一架梁绕过一道弯甚至向上攀爬几十米，秦岭都会展现出另一番景致，冒出不知名的草木。百山苍苍见黛色，仅陕西段秦岭年均固碳能力就达近 4000 万 t。如今科技发展可使人们上天观其貌入地通坦途，纵是走遍72峪，历经春夏秋冬，但人们关于秦岭仍知之甚少。

　　秦岭山地郁郁葱葱、生机无限，但其土壤多发育于岩石之上，厚度仅十几厘米至几十厘米，过度开发不仅会引发滑坡、泥石流等自然灾害，还可导致生态景观破坏、地面径流路径改变等问题。作者团队研究发现，30 多年来，四通八达的交通道路，为地方经济发展及百姓出行旅游等提供了极大的便利，但也使秦岭人为干扰强度由轻微逐渐向重度发展，空间影响由点状逐渐向网状进展；城市化、旅游开发等使森林植被生态系统被蚕食，并逐渐向中高海拔地区蔓延、侵渗，直接导致生态系统调节能力、水源涵养能力降低，过去 50 多年，秦岭南北坡典型流域人为活动对径流减少的贡献率为 46%，但近十几年来已高达 80% 以上。

　　另一方面，30 多年来，秦岭山地无论是高温还是低温均较 20 世纪 60～70 年代上升了 1℃左右，南北坡年均温呈极显著上升趋势，春季和冬季尤甚，春季气候干暖化趋势显著；1 月 0℃等温线平均垂直上升 140 多米，气候带发生明显上移，植被生长期延长达十多天，林线关键树种退化甚至枯死。人为和气候的耦合作用，已威胁到秦岭山地生态系统平衡、生态服务功能及应对气候变化的能力，维护秦岭地理景观的美观性、生态系统的完整性、生态服务的持续性，关系着子孙后代、千秋大业。面对秦岭人们唯有敬畏、感恩、珍惜与孜孜不倦的探索。

白红英

2019 年 4 月

彩　　图

1. 丰富多彩的生态系统

盛夏牛背梁

金秋太白山

太白山高山景观

光头山亚高山景观

平和梁亚高山景观

冰晶顶高山亚高山景观

牛背梁亚高山景观

植被与冰川遗迹石海

盛夏太白红杉果实

金秋太白红杉林

仲夏清幽冷杉林

绚丽多彩白桦林

落叶阔叶栎林参天

石上植被生态系统

漂淙清泉石上流

云山人家菜花黄

2. 考察回眸间

空山新雨后

秦岭水墨成

杜鹃松间笑

杜鹃映青山

幽草高山生

血雉深树鸣

花上蝶微舞

杜鹃赛西施

3. 幸福科研路

草灌样方调查

林地调查采样

林相结构观测

典型林线定位

树木年轮采样

树轮样品标定

考察途中

跨越石海